Jyoti Jojan
Milind Davane
Basavraj Nagoba

Infecções do trato urinário em mulheres grávidas

Jyoti Jojan
Milind Davane
Basavraj Nagoba

Infecções do trato urinário em mulheres grávidas

ScienciaScripts

Imprint

Any brand names and product names mentioned in this book are subject to trademark, brand or patent protection and are trademarks or registered trademarks of their respective holders. The use of brand names, product names, common names, trade names, product descriptions etc. even without a particular marking in this work is in no way to be construed to mean that such names may be regarded as unrestricted in respect of trademark and brand protection legislation and could thus be used by anyone.

Cover image: www.ingimage.com

This book is a translation from the original published under ISBN 978-3-330-34955-1.

Publisher:
Sciencia Scripts
is a trademark of
Dodo Books Indian Ocean Ltd. and OmniScriptum S.R.L publishing group

120 High Road, East Finchley, London, N2 9ED, United Kingdom
Str. Armeneasca 28/1, office 1, Chisinau MD-2012, Republic of Moldova, Europe
Printed at: see last page
ISBN: 978-620-7-68298-0

Reconhecimento

Com grande prazer, expressamos os nossos sinceros agradecimentos ao Exmo. Dr. VD Karad, Presidente Executivo e Diretor do MAEER MIT Pune, Índia, Shree RK Karad, Diretor Executivo e Dra. SB Mantri, Directora do MIMSR Medical College, Latur, pelo seu apoio e encorajamento.

Agradecemos igualmente a colaboração da Dra. A. P. Pichare, da Dra. A. R. Lamture, do Sr. PB Kendre e do Dr. Dharne S. M.

Estamos igualmente gratos ao Sr. Nitin V. Ajagunde, ao Dr. Sohan Selkar, ao Dr. Namdev Suryawanshi, à Dra. Kalyani Deshpande, à Dra. Sanjivani Mundhe, à Dra. Kalpana Jaju e à Dra. Megha Rastogi pela sua ajuda.

Agradecemos também ao Sr. Gutte e ao Sr. Shinde pela sua ajuda técnica e à Sra. Namita Surwase, ao Sr. Vinod B. Jogdand, ao Sr. D. L. Ghante, ao Sr. Kadam, ao Sr. Puri e ao Sr. Kaule pela sua ajuda atempada.

Jyoti Jojan
Milind Davane
Basavraj Nagoba

ÍNDICE

CAPÍTULO 1

INTRODUÇÃO

Embora a urina seja um fluido com uma variedade de moléculas e sais, alguns dos quais são produtos residuais, normalmente não tem bactérias como componente normal, por isso, quando uma bactéria entra na bexiga por qualquer meio e subsequentemente se multiplica, pode causar uma infeção do trato urinário (ITU). A ITU refere-se tanto à colonização microbiana da urina como à invasão dos tecidos de qualquer estrutura do trato urinário. As bactérias estão normalmente envolvidas, embora as leveduras e os vírus também possam estar envolvidos. Em circunstâncias normais, o pH relativamente ácido, a elevada osmolaridade e a elevada concentração de ureia na urina são geralmente bacteriostáticos para a maioria das bactérias. Além disso, num trato urinário anatomicamente normal, a infeção é impedida por um fluxo de urina ante grau desobstruído.

O trato urinário é normalmente um ambiente estéril, mantido livre de micróbios pelo fluxo de limpeza da urina, por uma miríade de moléculas antimicrobianas e células imunitárias eficazes. No entanto, apesar destas formidáveis defesas do hospedeiro e da utilização crescente de antibióticos, as ITU continuam a ser uma das infecções bacterianas mais comuns que levam os doentes a procurar aconselhamento médico, perdendo apenas para as infecções do trato respiratório, sendo responsáveis por 35% das infecções nosocomiais. São a segunda causa mais comum em doentes hospitalizados e a principal causa de bacteriemia por gram-negativos. Sessenta e seis a 86% das ITU nosocomiais surgem na sequência da instrumentação do trato urinário, em particular do cateterismo. A diminuição da utilização inadequada do cateter urinário de demora, a utilização de um sistema de drenagem fechado e a garantia de que o cateter é removido assim que deixa de ser necessário, continuam a ser a principal intervenção na redução das ITU nosocomiais.

As mulheres têm um risco mais elevado de desenvolver ITU do que os homens. Cerca de 50-70% das mulheres têm pelo menos um episódio de ITU durante a sua vida e 20-30% das mulheres terão um ou mais episódios recorrentes. Isto deve-se principalmente a várias razões, tais como: anomalias do trato urinário ou cálculos, uretra curta, proximidade do ânus, traumatismo uretral durante as relações sexuais, diabetes mellitus, imunossupressão e antecedentes de ITU tendem a aumentar o risco. O pH ideal, a temperatura e os constituintes como a glucose presentes na urina predispõem ao crescimento bacteriano. Outros factores de risco incluem: resposta imunitária, contaminação fecal-perineal-uretral, biota vaginal alterada, história familiar de ITU num parente de primeiro grau, menopausa e gravidez.

A gravidez é um dos factores importantes que predispõem às ITU. A infeção bacteriana do trato urinário é mais frequente em mulheres grávidas. A gravidez dá origem a várias alterações fisiológicas que resultam em imunossupressão. Estudos demonstraram que a contagem de linfócitos T e B não se altera na gravidez, mas a sua função é suprimida. Além disso, as mulheres grávidas no terceiro trimestre demonstraram um decréscimo na adesão dos leucócitos polimorfonucleares. Isto pode explicar o aumento da incidência de infecções em mulheres grávidas.

As mulheres grávidas correm um risco acrescido de contrair ITU (a partir da 6ª semana e com um pico durante as semanas 24-26) porque o útero assenta diretamente na parte superior da bexiga e desloca-a. A mudança na posição do trato urinário e as alterações hormonais durante a gravidez facilitam a passagem das bactérias pela uretra até aos rins. O resultado destas alterações é que a urina demora mais tempo a passar pelo trato urinário, dando às bactérias mais tempo para se multiplicarem e se fixarem antes de serem eliminadas pela passagem da urina. Os níveis de progesterona e de estrogénio aumentam durante a gravidez, o que leva a uma diminuição do tónus ureteral e da bexiga. O aumento do volume plasmático durante a gravidez leva à diminuição da concentração de urina e ao aumento do volume da bexiga. A combinação de todos estes factores leva à estase urinária e ao refluxo uretero-vesical. Além disso, a aparente redução da imunidade das mulheres grávidas parece encorajar o crescimento de microrganismos comensais e não comensais. O aumento fisiológico do volume plasmático durante a gravidez diminui a concentração da urina e até 70% das mulheres grávidas desenvolvem glicosúria, o que favorece o crescimento bacteriano na urina. A atividade sexual e certos métodos contraceptivos também aumentam o risco. Os sintomas do trato urinário inferior são quase universais no período pré-natal e são transitórios. As ITU não tratadas dão 30% de hipóteses de desenvolver uma infeção renal durante a gravidez. Observou-se que as mulheres grávidas são duas vezes mais afectadas do que as mulheres não grávidas com a mesma idade. Por conseguinte, o rastreio da bacteriúria durante a gravidez, independentemente de a doente ser sintomática ou não, é importante no contexto dos primeiros cuidados, uma vez que o tratamento precoce pode evitar complicações subsequentes. O rastreio é um componente essencial dos cuidados pré-natais. O rastreio da bacteriúria assintomática (BSA) em mulheres grávidas demonstrou ser economicamente eficaz quando comparado com o tratamento de ITU e pielonefrite sem rastreio. Utilizando uma análise de decisão, o rastreio e o tratamento da BSA para prevenir a pielonefrite demonstraram ser eficazes em termos de custos numa vasta gama de estimativas. As várias técnicas de rastreio utilizadas para detetar a bacteriúria incluem a urinálise, a atividade da esterase leucocitária, um teste de nitritos e culturas de urina. Uma cultura de urina quantitativa a meio do percurso continua a ser considerada como o melhor teste de diagnóstico. Se forem detectadas bactérias causadoras na urina em número significativo, as mulheres grávidas devem ser tratadas mesmo que não apresentem sintomas.

A bacteriúria é facilmente detectada na gravidez. A sua prevenção é de importância considerável, não só para evitar a pielonefrite aguda e a doença renal crónica nas mães, mas também para reduzir a prematuridade e a mortalidade fetal.

As mulheres com antecedentes de ITU recorrentes ou de anomalias do trato urinário devem fazer um rastreio repetido da bacteriúria durante a gravidez. Alguns estudos demonstraram que 18 semanas de gestação é a altura ideal para efetuar o rastreio da cultura de urina para detetar bacteriúria.

As ITU são complicações comuns da gravidez; as infecções do trato superior, em particular, podem levar a uma morbilidade significativa tanto para a mãe como para o feto. As ITU constituem um problema de saúde importante que contribui significativamente para a incidência de resultados fetais adversos que conduzem ao BPN. A bacteriúria é um fator de risco significativo para o desenvolvimento de pielonefrite em mulheres grávidas. Por conseguinte, o rastreio adequado e o tratamento subsequente da bacteriúria com antibióticos durante a gravidez são necessários para prevenir complicações. O tratamento antibiótico da bacteriúria assintomática está associado a uma menor incidência de baixo peso à nascença.

A E. coli foi considerada o agente causal mais comum tanto na infeção sintomática como na assintomática. Outros bacilos gram-negativos, como *Proteus mirabilis, Klebsiella pneumoniae, Pseuomonas aeruginosa,* etc., e cocos gram-positivos, como estafilococos, estreptococos e micrococos, também são comuns.

A escolha dos antibióticos adequados depende do conhecimento dos organismos associados à ITU e do seu padrão de suscetibilidade antimicrobiana. Para instituir uma terapêutica antibiótica racional a fim de evitar uma maior morbilidade não só nas mulheres grávidas, mas também no feto, é muito necessário conhecer o agente causador e o seu padrão de suscetibilidade antimicrobiana no cenário local, uma vez que se observou que o padrão de resistência antimicrobiana dos agentes etiológicos associados às ITU varia de hospital para hospital, de local para local e de país para país.

No presente estudo, tentou-se estudar o padrão das infecções do trato urinário em mulheres grávidas da zona rural, os seus agentes causadores e o padrão de suscetibilidade antimicrobiana.

CAPÍTULO 2

OBJECTIVOS E METAS

Os objectivos do presente estudo são os seguintes

1. Estudar a bacteriúria significativa em mulheres grávidas sintomáticas e assintomáticas.

2. Descobrir a prevalência de IU durante os diferentes trimestres.

3. Descobrir diferentes bactérias aeróbias associadas a ITU em mulheres grávidas e

4. Estudar os padrões de suscetibilidade antimicrobiana dos uropatogénios isolados destes casos.

CAPÍTULO 3

REVISÃO DA LITERATURA

3.1. ASPECTOS HISTÓRICOS

As infecções do trato urinário (ITU) são conhecidas desde a antiguidade. Na Antiguidade, foram registados casos individuais de ITU. Os relatos de casos sugerem a ocorrência de pielonefrite aguda e pappilite necrosante, e foram mencionados sintomas atualmente associados à cistite, tais como frequência de micção, disúria, hematúria e estrangúria. Na Grã-Bretanha, o primeiro relato de ITU parece ter sido feito em 1412 por John of Ardenne.[1]

Pasteur, em 1863, reconheceu que a urina era um bom meio de cultura para as bactérias e Roberts, em 1881, relacionou a presença de bactérias na urina com os sintomas, mas foram feitos muito poucos progressos na exploração desta relação até que foram efectuadas avaliações quantitativas do número de bactérias na urina de doentes com ITU por Marple em 1941, Barr e Rantz em 1948 e Sanford *et al.* em 1956.[1]

Relatórios anteriores tinham sugerido que a urina continha normalmente muitas bactérias. No entanto, uma comparação de amostras esvaziadas e de cateteres permitiu distinguir entre a contaminação com bactérias uretrais ou perineais - normalmente com cocos gram positivos - e a verdadeira infeção da bexiga - normalmente com bacilos gram negativos (Kass 1960, Pfau e Sacks 1970). A preparação cuidadosa da área periuretral antes da cateterização resultou numa menor taxa de contaminação (Philtop 1956). A contagem quantitativa de bactérias, tanto em grupos não seleccionados como em grupos seleccionados da população, mostrou que quando a urina continha mais de 100000 organismos por ml, isto podia ser considerado como bacteriúria verdadeira ou significativa (Kass 1955, 1956, 1957).[2-4]

A maioria dos doentes com infeção clínica tinha contagens de 100000 organismos por ml, mas mesmo quando não havia sintomas, alguns doentes tinham contagens bacterianas desta magnitude. Assim, foi estabelecido o conceito de bacteriúria sem sintomas (bacteriúria assintomática). A sua associação com o desenvolvimento de infeção clínica e lesão renal é bem reconhecida. Muitos trabalhadores estudaram as características da bacteriúria sem sintomas; os relatórios iniciais sugeriam que estava associada a uma morbilidade significativa a longo prazo, mas é agora aceite que a remissão espontânea ou a cura é o resultado mais comum e que as complicações ocorrem apenas em determinadas condições.[1]

3.2. DEFINIÇÃO E TERMOS IMPORTANTES

3.2.1. Definição

A infeção do trato urinário é definida como "Bacteriúria", ou seja, a multiplicação de bactérias na urina dentro do trato renal e a presença de 100000 bactérias / ml (10^5 bactérias / ml) numa amostra de urina colhida cuidadosamente e bem transportada a meio do jato. Diz-se que uma pessoa sofre de ITU apenas quando tem uma bacteriúria significativa, ou seja, uma concentração de 100000 bactérias / ml (10^5 bactérias / ml) de urina.[1, 5]

3.2.2. Termos importantes

i. Bacteriúria

Bacteriúria significa literalmente "bactérias na urina". É definida como a multiplicação de bactérias na urina dentro do trato renal. A simples presença de bactérias que se multiplicam na urina não significa que um indivíduo sofra de ITU. A probabilidade de uma ITU pode ser determinada através da quantificação do número de bactérias na urina esvaziada ou na urina obtida por cateterização uretral.[5]

ii. Bacteriúria significativa

O termo bacteriúria significativa foi introduzido por Kass (1956). De acordo com os critérios de Kass, uma contagem superior a 100000 bactérias por ml (> 10^5) numa amostra de urina colhida adequadamente e bem transportada a meio do jato.[3]

iii. Bacteriúria assintomática

O termo bacteriúria assintomática ou ITU assintomática significa o isolamento de uma contagem quantitativa especificada de bactérias (>10^5 bactérias / ml) numa amostra de urina adequadamente colhida obtida de uma pessoa sem sintomas ou sinais de ITU.[6]

iv. Pyuria

A piúria é a presença de glóbulos brancos na urina. É uma condição em que a urina contém pus. Indica uma resposta inflamatória do urotélio a bactérias invasoras. A presença de >10 leucócitos por campo de alta potência de urina não centrifugada e esvaziada a meio do jato é considerada significativa. Pode ser um sinal de infeção bacteriana do trato urinário.[7,8]

v. Bacteriúria significativa em pacientes cateterizados

Os critérios de contagem bacteriana de > 10^5 bactérias /ml não são aplicáveis a amostras de urina obtidas por cateterização de doentes com ITU verdadeira. Uma amostra de urina obtida por cateterização de pacientes com ITU verdadeira pode produzir um número menor de bactérias do que a contagem clássica de > 10^5 bactérias /ml. Uma contagem de >103 bactérias /ml é considerada significativa em doentes que não estão a receber antibióticos, enquanto uma contagem inferior de > 102 bactérias /ml é considerada significativa em doentes que estão a receber antibióticos.[5,9]

3.3. TIPOS DE IU

As ITU são infecções dos rins, do ureter, da bexiga e da uretra. As ITU são de dois tipos:

3.3.1.**ITU superiores** - ITU em que há infeção apenas do rim ou do ureter. Estas infecções incluem:

i. Pielite aguda - infeção da pélvis do rim

ii. Pielonefrite aguda - infeção do parênquima renal.

3.3.2.**Infeções do trato urinário inferior** - Infeções do trato urinário em que a infeção ocorre da bexiga para baixo. Estas infecções incluem:

i. Uretrite

ii. Cistite

iii. Prostatite.[5]

3.4. factores que predispõem a infecções do trato urinário

A ocorrência de ITUs depende de vários factores demográficos, genéticos, sociais, anatómicos e metabólicos. Estes são os seguintes:

3.4.1. **Idade** - A incidência de ITU aumenta muito com a idade.

3.4.2. **Sexo** - Nos recém-nascidos, as ITU são mais comuns no sexo masculino. No entanto, na vida adulta, as ITU são mais comuns em mulheres sexualmente activas. Isto pode dever-se ao facto de a uretra ser curta (4 cm), à proximidade do ânus, ao traumatismo uretral durante a relação sexual e à utilização de contraceptivos (géis e medicamentos espermicidas), que alteram o pH vaginal, afectando o número de lactobacilos comensais e favorecendo assim a colonização por *E. coli*. Nos homens, as ITU são frequentemente observadas após os 50 anos de idade, quando há hipertrofia prostática ou outras anomalias do trato urinário.

3.4.3. **Gravidez** - É o fator predisponente mais importante. Cerca de 4 a 7% das mulheres sofrem de ITU durante a gravidez e cerca de 25 a 30% destas evoluem para pielonefrite aguda. As causas importantes de predisposição nas mulheres grávidas são a dilatação do útero e da pélvis renal, a obstrução ao fluxo de urina da bexiga, a estase no ureter, a incompetência das válvulas vasico-uretrais e as alterações hormonais.

3.4.4. **Anomalias estruturais/neurológicas do trato urinário**

As anomalias estruturais/neurológicas do trato urinário que estão associadas à "urina residual" aumentam as probabilidades de ITU. Estas incluem:

i. Obstrução devido a estenose uretral, formação de cálculos, hipertrofia prostática, tumor e gravidez.

ii. Bexiga neurogénica - Os doentes com esclerose múltipla e os doentes paraplégicos que têm uma bexiga neurogénica podem necessitar de cateterização a longo prazo e, por conseguinte, correm o risco de ITUs recorrentes.

iii. Outras anomalias anatómicas - como a vesico-ureteral

refluxo, fístulas vesico-rectais e vesico-vaginais, prolapso genital, ureterocele, válvulas uretrais, divertículos da bexiga e traumatismos do trato urinário (acidentais ou cirúrgicos) predispõem a uma ITU iminente.

iv. Os agentes imunossupressores, por exemplo, esteróides ou medicamentos citotóxicos, aumentam consideravelmente o risco de ITU recorrentes e de infeção do rim por micróbios invulgares, como *Salmonella, Serratia, Candida* e *Nocardia*.

v. Diabetes mellitus - Nos doentes diabéticos, há uma maior prevalência de colonização perineal por potenciais agentes patogénicos. A presença de glucose na urina aumenta a frequência e a gravidade da infeção na diabetes.

vi. Instrumentação e cirurgia - A cateterização é provavelmente o fator predisponente mais importante em doentes hospitalizados. Também aumenta o risco de infeção por estirpes de bactérias resistentes a antibióticos e de infeção adquirida no hospital. Os procedimentos cirúrgicos no trato urinário aumentam o risco de infeção hospitalar.

vii. Factores ambientais - Factores ambientais como a exposição ao frio, natação, roupa interior de nylon, roupas apertadas, ocupação sedentária, condução de longa distância, etc. aumentam as probabilidades de ITU.

viii. Factores sociais - a masturbação predispõe a ITUs repetidas enquanto a circuncisão reduz o risco de infeção.

ix. Outros factores - como a menstruação, os pensos higiénicos, as bobinas intra-uterinas, o diafragma, as pílulas contraceptivas, etc. - estão associados a um maior risco de infeção.[5,7,9-13]

3.5. MICRORGANISMOS RESIDENTES DO TRACTO URINÁRIO

Todas as áreas do trato urinário acima da uretra num ser humano saudável são estéreis. A uretra tem microflora residente que coloniza o seu epitélio na porção distal. A flora residente inclui estafilococos coagulase-negativos (excluindo *S. saprophyticus*), micrococos, estreptococos do grupo B, estreptococos viridans e não hemolíticos, lactobacilos, difteróides (*Corynebacterium* spp.), *Neisseria* spp. não patogénica (sapróbia), Cocos anaeróbios, *Propionibacterium* spp., Bacilos gram-negativos anaeróbios, *Mycobacterium* spp. comensal e *Mycoplasma* spp. comensal. Potenciais agentes patogénicos, incluindo bacilos aeróbios gram-negativos (principalmente *Enterobacteriaceae*) e leveduras ocasionais, também estão presentes como colonizadores. Devido aos micróbios residentes/comensais, as culturas quantitativas são utilizadas para o diagnóstico de ITUs para discriminar entre contaminação, colonização e infeção.[7]

3.6. AGENTES ETIOLÓGICOS

As bactérias e os fungos são os principais organismos que infectam o trato urinário. As bactérias de apenas um número limitado de espécies são capazes de iniciar a infeção no trato urinário normal, mas membros de muitas outras espécies causam infeção em doentes com uma anomalia do trato urinário, em doentes cateterizados e naqueles que recebem tratamento antimicrobiano. Os organismos infecciosos são mais frequentemente derivados da flora fecal do próprio doente.[1,8]

3.0.1. Causas bacterianas das ITU

As bactérias são, de longe, o grupo mais frequente de organismos que causam infecções do trato urinário, mas o padrão dos agentes bacterianos depende, em grande medida, do facto de as infecções serem agudas ou recorrentes e de ocorrerem dentro ou fora do hospital.

3.6.2. Causas das ITU adquiridas na comunidade

A *Escherichia coli* é a causa mais frequente de ITUs não complicadas adquiridas na comunidade. Encontra-se em cerca de 90% das infecções agudas não complicadas na população em geral. A *E. coli* que causa ITU é diferente de outros tipos de *E. coli* e é designada como *E. coli* uropatogénica (UPEC). Os serotipos mais frequentes de *E. coli* que causam ITU incluem O1, O2, O4, O6, O7, O25 e O50. Outras bactérias frequentemente isoladas de doentes com ITU são *Proteus mirabilis*, *Klebsiella* spp., outras *Enterobacteriaceae*, estafilococos coagulase negativa (*Staphylococcus saprophyticus*), enterococos e *Streptococcus* spp. O *S. saprophyticus* resistente à novobiocina é um verdadeiro agente patogénico primário das ITU. É responsável por cerca de 20% das uretrites e cistites em mulheres jovens sexualmente activas mas saudáveis.[1,5,7,8]

3.6.3. Causas de ITUs adquiridas no hospital

O ambiente hospitalar desempenha um papel importante na determinação dos organismos envolvidos nas ITU. Os doentes hospitalizados têm maior probabilidade de serem infectados por *E. coli, Klebsiella* spp, *Proteus* spp (*P. mirabilis* e *P. vulgaris)*, *estafilococos*, outras *Enterobacteriaceae, Pseudomonas aeruginosa, enterococos* e *Candida* spp. A *E. coli* é a causa mais comum de ITU em 50% das infecções adquiridas no hospital. Cerca de 20% de todos os doentes hospitalizados, que recebem cateterização de curta duração, desenvolvem ITUs. *S. epidermidis* é também uma causa ocasional de infecções do trato urinário no hospital, por vezes associada à cateterização. O *S. aureus* só raramente é uma causa de ITU, mas dá sintomas e sequelas graves como infeção pós-operatória.[1,5,7,8]

3.6.4. Causas diversas de ITU

Outros micróbios menos frequentemente isolados que causam ITU são outros bacilos gram-negativos, tais como *Acinetobacter* e *Alcaligenes* spp, outras *Pseudomonas spp, Citrobacter spp, Providencia, Morganella, Serratia, Salmonella* spp, *Gardnerella vaginalis, Aerococcus urinae* e *estreptococos beta hemolíticos*. Bactérias tais como *Mycobacteria, Chlamydia trachomatis, Ureaplasma urealyticum, Mycoplasma hominis, Campylobacter* spp., *Haemophilus influenzae, Leptospira* e certas *Corynebacterium spp. (por exemplo, C. renale)* são raramente recuperadas da urina.

Em doentes com "piúria estéril", a coloração de Gram pode revelar organismos invulgares com morfologia distinta, por exemplo, *H. influenzae, anaeróbios. O Mycobacterium tuberculosis* deve ser sempre considerado como uma possível causa de ITU crónica. Os anaeróbios, como o *Bacteroides fragilis* ou os *cocos anaeróbios*, raramente causam ITU, mas podem ter de ser procurados em casos seleccionados em que tenha ocorrido piúria sem uma causa bacteriana previamente demonstrável. *A Neisseria gonorrhoeae* é uma causa pouco frequente de piúria, mas esta deve-se mais a uretrite do que a ITU.[1,5,7,8]

3.6.5. Causas fúngicas de ITUs

A Candida albicans causa infeção da bexiga predominantemente em diabéticos e em doentes que tenham feito tratamentos repetidos com antibióticos ou que tenham as suas defesas gerais do hospedeiro comprometidas. As infecções renais por *Candida* podem também ocorrer em doentes imunodeprimidos, incluindo receptores de transplantes renais. Outros fungos que causam ITU incluem *Torulopsis galbrata, Cryptococcus neoformans* e *Histoplasma duboisii.*[5,8]

3.6.6. Causas virais e parasitárias das ITU

Em geral, os vírus e os parasitas não são normalmente considerados como agentes patogénicos que causam infecções do trato urinário. *O Trichomonas vaginalis* pode ocasionalmente ser observado no sedimento urinário e *o Schistosoma haematobium* pode alojar-se no trato urinário e libertar ovos na urina. *Os adenovírus dos tipos 11 e 21* foram implicados como agentes causadores de cistite hemorrágica em crianças. O citomegalovírus, o sarampo e o vírus do polioma humano são outros vírus associados às ITU. *O Enterobius vermicularis* é também uma causa ocasional de ITU.[5,8]

3.7. PATOGENICIDADE DAS ITU

A adesão do organismo é um fator importante na patogénese da ITU. Os organismos que têm a capacidade de aderir ao revestimento da mucosa são capazes de resistir à eliminação durante o esvaziamento e são capazes de produzir bacteriúria significativa. A adesão é mediada por pili ou outras adesinas, como o fator de colonização. Uma vez aderido, com a ajuda de vários factores de virulência, espalha-se e produz efeitos patogénicos ao resistir ao efeito bactericida e bacteriostático do tecido local. As ITU podem ser de tipo ascendente ou descendente.[5]

O tipo de infeção ascendente é a via mais comum no caso das mulheres; no entanto, a ascensão associada a instrumentos como a cateterização e a cistoscopia é a causa mais comum de ITUs adquiridas no hospital em ambos os sexos. Pensa-se atualmente que a via ascendente de infeção é a via habitual, através da qual as bactérias da flora fecal se propagam ao períneo antes de ascenderem à bexiga. Esta propagação é encorajada pela incontinência fecal no bebé e pela atividade sexual, e possivelmente por maus hábitos pessoais, nos adultos. Sabe-se que as relações sexuais predispõem à infeção da bexiga, sendo a cistite de "lua de mel" uma entidade clínica bem reconhecida nas mulheres.

A maioria das infecções que envolvem os rins são adquiridas por via ascendente. Para que as ITU ocorram por via ascendente, as bactérias entéricas gram-negativas e outros microrganismos originários do trato gastrointestinal têm de ser capazes de colonizar a cavidade vaginal e a área periuretral. Quando estes organismos ganham acesso à bexiga, podem multiplicar-se e passar para os ureteres até aos rins.[1,5,7]

No tipo descendente de infeção, os organismos presentes na circulação ou nos tecidos são responsáveis pelas ITU. Os organismos presentes em qualquer local do corpo chegam ao sangue através do sistema linfático e causam bacteriemia e, por via hematogénica, propagam-se aos rins. Embora a maioria das infecções que envolvem os rins seja adquirida por via ascendente, organismos como *Candida albicans, Mycobacterium tuberculosis, Salmonella* spp.

A presença de S. aureus na urina indica frequentemente uma pielonefrite adquirida por via descendente. A disseminação descendente ou hematogénica ocorre normalmente como resultado de uma bacteriemia. A disseminação hematogénica é responsável por menos de 5% das ITU. Muito raramente, os organismos podem estender-se diretamente ao trato urinário através dos vasos linfáticos.[1,5,7]

3.8. CARACTERÍSTICAS CLÍNICAS

A apresentação clínica das ITUs pode variar, desde uma infeção assintomática até uma pielonefrite completa.

3.8.1. Bacteriúria assintomática (ITU assintomática) - é também conhecida como bacteriúria encoberta. É comum, mas a sua prevalência varia muito em função da idade, do género e da presença de anomalias geniturinárias ou doenças subjacentes. A sua prevalência aumenta com a idade em mulheres saudáveis, de apenas 1% nas raparigas em idade escolar para 20% ou mais nas mulheres com 80 anos ou mais. No entanto, é rara no homem jovem saudável. Uma vez que está associada a um processo de doença ativa nos rins, pode desenvolver cistite e pielonefrite e, se não for tratada, pode levar à insuficiência renal. Assim, o rastreio e o tratamento da bacteriúria assintomática foram recomendados para as mulheres grávidas devido ao risco de progressão para uma ITU sintomática grave e de possíveis danos para o feto, para os homens submetidos a ressecção transuretral da próstata e para os indivíduos submetidos a procedimentos urológicos em que se prevê uma hemorragia da mucosa. Em contrapartida, o rastreio ou o tratamento da bacteriúria assintomática não foi recomendado para mulheres na pré-menopausa, mulheres não grávidas, mulheres diabéticas, idosos que vivem na comunidade, idosos institucionalizados, pessoas com lesão da espinal medula ou doentes cauterizados enquanto o cateter está colocado.[1, 5, 6, 14]

3.8.2. Infeção sintomática: Neste caso, a ITU está associada a sintomas. As diferentes formas clínicas são a ITU inferior, incluindo a cistite e a síndrome uretral aguda, e a ITU superior, incluindo a pielonefrite e a pielite.

3.8.3. a. IU inferior

i. Cistite - A cistite é uma infeção da bexiga. Caracteriza-se por disúria, frequência, urgência de micção, dor suprapúbica e, por vezes, hematúria. Estes sintomas não se devem apenas à inflamação da bexiga, mas também à multiplicação de bactérias na urina e na uretra. Muitas vezes, há dor e sensibilidade na zona da bexiga. Nalguns indivíduos, a urina apresenta um sangue grosseiro. O doente pode notar a turvação da urina e um mau odor. Uma vez que a cistite é uma infeção localizada, a febre e outros sinais de uma doença sistémica (que afecta o organismo como um todo) não estão normalmente presentes. É mais frequente nas mulheres devido ao facto de a uretra ser curta. Os sintomas da cistite podem estar relacionados com a inflamação do trato urinário inferior causada por uretrite devida a *N. gonorrhoeae* ou *Chlamydia trochomatis*.[5,7,15]

ii. Uretrite

Os tipos mais comuns de uretrite nos homens são as doenças sexualmente transmissíveis, a uretrite gonocócica causada por *Neisseria gonorrhoeae* e a uretrite não gonocócica (NGU) causada por *Chlamydia trachomatis, Trichomonas vaginalis,* etc. Está associada a inflamação e corrimento uretral. Raramente, a uretrite pode estar associada a prostatite bacteriana. A análise de uma amostra uretral de urina revela agentes patogénicos do trato urinário, cuja presença é confirmada em amostras de massagem pós-prostática. Nas mulheres, a comparação de amostras de urina da uretra e do jato médio revela ocasionalmente agentes patogénicos urinários ou bactérias fastidiosas em contagens baixas e confinadas à uretra. A colonização da uretra com bacilos aeróbicos gram-negativos ocorre normalmente em doentes cateterizados; nos homens, também podem ser adquiridos através de relações sexuais.[1,7]

iii. Síndrome uretral aguda

Entre 30% e 50% das mulheres que apresentam sintomas sugestivos de IU não apresentam bacteriúria significativa. Os termos síndrome uretral ou síndrome de frequência e disúria têm sido utilizados para descrever esta condição. Foram sugeridas muitas etiologias, tanto microbianas como não microbianas. As mulheres com a síndrome uretral são propensas a desenvolver bacteriúria significativa. A síndrome uretral tem recebido mais atenção nas mulheres, mas os sintomas de disúria e frequência sem bacteriúria significativa não são invulgares em homens jovens. Embora a uretrite não específica seja a principal causa desta doença, também pode existir uma forma de síndroma uretral. Esta parece ser distinta da prostatite bacteriana. No entanto, a resposta à terapia antimicrobiana é variável e, em alguns casos, os sintomas podem ter uma base psicogénica.

Os doentes com esta síndrome são principalmente mulheres jovens, sexualmente activas, que apresentam disúria, frequência e urgência, mas que produzem menos organismos na urina do que 10^5 unidades formadoras de colónias de bactérias por mililitro (CFU/ml) de urina em cultura. Quase 50 % de todas as mulheres que procuram assistência médica devido a queixas de sintomas de cistite aguda pertencem a este grupo. Embora a uretrite causada por *Chlamydia trachomatis* e *Neisseria gonorrhoeae*, as infecções anaeróbias, o herpes genital e a vaginite sejam responsáveis por alguns casos de síndrome uretral aguda, na maioria das mulheres é causada pelos organismos que causam cistite, mas o número de organismos é <10^5 CFU/ml de urina. Neste grupo de doentes, deve utilizar-se um ponto de corte de 10^2 CFU/ml, em vez de 10^5 CFU/ml, mas deve insistir-se na presença concomitante de piúria (presença de 8 ou mais leucócitos/mm^3 no exame microscópico da urina não centrifugada). Cerca de 90% destas mulheres têm piúria, uma caraterística discriminatória importante da infeção.[1,7]

3.8.2 b. ITU **superior**

As ITU superiores incluem a pielite e a pielonefrite

i. **Pielite**

É a forma ligeira de pielonefrite com piúria mas com um envolvimento mínimo do tecido renal.[5]

ii. **Pielonefrite**

Trata-se de uma inflamação do parênquima renal, dos cálices (divisão em forma de taça da pelve renal) e da pelve (extremidade superior do ureter que se encontra no interior do rim). É normalmente causada por uma infeção bacteriana. A apresentação clínica típica da pielonefrite inclui dor lombar, sensibilidade, febre alta e rigores. Cerca de 40% dos doentes com pielonefrite aguda são bacteriémicos. A pielonefrite pode ser dividida em pielonefrite aguda e pielonefrite crónica.

- **Pielonefrite aguda**: É frequente em mulheres grávidas com bacteriúria não tratada; ocorre mais frequentemente no segundo trimestre, no parto ou no período pós-parto, mas pode ser amplamente evitada através da erradicação da infeção durante a gravidez. O envolvimento do trato superior é comum em doentes diabéticos e podem ocorrer complicações graves, como a pappilite necrosante. Nos últimos anos, a incidência de pielonefrite aguda sem sintomas parece estar a diminuir. Este facto deve-se provavelmente ao reconhecimento e tratamento precoce da bacteriúria em grupos de alto risco. A *E. coli* é a causa mais comum, mas a presença de anomalias do trato urinário, como urolitíase, hidronefrose ou deformidades congénitas, pode permitir que outras bactérias, como *Pr. mirabilis, Klebsiella* spp. A *P. aeruginosa* está associada a anomalias grosseiras e lesões obstrutivas.

- **Pielonefrite crónica**

É a segunda causa mais comum de insuficiência renal terminal, a seguir à glomerulonefrite crónica. As mulheres com bacteriúria que não pôde ser erradicada durante a gravidez apresentaram anomalias do trato urinário, incluindo pielonefrite crónica, mas um acompanhamento a curto prazo de 2-4 anos foi insuficiente para a deteção de danos renais progressivos. A maioria dos doentes com pielonefrite crónica não tem bacteriúria e o diagnóstico é feito por exame radiológico.[1,5,7,16.]

3.8.3.   ITUs não complicadas e complicadas

Por vezes, as ITU são classificadas como ITU não complicadas e ITU complicadas.

3.8.4.   a ITUs não complicadas:

Refere-se a uma infeção num trato urinário estrutural e neurologicamente normal. Ocorrem principalmente em mulheres saudáveis e, ocasionalmente, em bebés do sexo masculino e em adolescentes e adultos do sexo masculino. A maioria das infecções não complicadas responde prontamente a agentes antimicrobianos aos quais o agente etiológico é suscetível.

3.8.5.   b. ITUs complicadas:

As infecções complicadas são mais difíceis de tratar e têm uma grande morbilidade e mortalidade em comparação com as infecções não complicadas. As infecções complicadas ocorrem em ambos os sexos. Em geral, os indivíduos que desenvolvem infecções complicadas têm frequentemente determinados factores de risco que predispõem o rim para a infeção (por exemplo, diabetes, anemia falciforme), cálculos renais, anomalias estruturais ou funcionais do trato urinário (por exemplo, bexiga com ponta), cateteres de demora, etc. Em geral, as infecções em homens, mulheres grávidas, crianças e doentes hospitalizados ou em contextos associados a cuidados de saúde podem ser consideradas como ITU complicadas. Nos doentes com ITU complicadas, é mais provável que os micróbios infectantes sejam resistentes aos agentes antimicrobianos.[7]

3.9. diagnóstico laboratorial de infecções do trato urinário

A ITU é um problema clínico comum e pode criar várias complicações. As infecções recorrentes também são comuns nas ITU, que são difíceis de tratar. O problema da resistência aos agentes antimicrobianos está a aumentar de dia para dia e é frequentemente observado nos uropatogénios. Por estas razões, o estudo da cultura e da sensibilidade da urina é necessário para identificar os agentes etiológicos, para descobrir o padrão de suscetibilidade, para iniciar uma terapia antibiótica racional e para avaliar os resultados do tratamento.[5]

3.9.1. Recolha de espécimes

O diagnóstico de ITU só pode ser efectuado com confiança se for fornecida uma amostra de urina adequada, isenta de contaminação da uretra ou do trato genital e, além disso, deve ser examinada no laboratório antes de ocorrer a multiplicação bacteriana.[1] As amostras de urina são frequentemente contaminadas com a flora normal da vagina, do períneo e da uretra anterior. Esta contaminação é reduzida, embora por vezes não possa ser totalmente evitada, explicando ao doente exatamente como deve ser colhida a amostra de urina do jato médio (MSU). É particularmente necessário explicar a importância de uma limpeza adequada com água da torneira e da secagem dos órgãos genitais antes da micção. No entanto, este pode não ser um procedimento prático em crianças, mas deve ser tentado se o períneo estiver obviamente sujo de fezes. Nos bebés e nos idosos, a contaminação excessiva da amostra de urina constitui um problema particularmente grave.

As mulheres devem ser instruídas a esfregar a vulva e os homens a retrair o prepúcio e a limpar a glande do pénis. A flora uretral normal deve ser adequadamente eliminada através da urina antes da colheita da amostra.

A uretrite ou a infeção nas glândulas para-uretrais pode ser detectada examinando os primeiros 5-10 ml de urina eliminada, mas se estiver presente um corrimento, um esfregaço e uma zaragatoa podem ser suficientes. A comparação de uma amostra uretral com uma amostra de urina do jato médio é útil. A prostatite bacteriana só pode ser diagnosticada através da análise de três amostras de urina, uretral, do jato médio e após massagem prostática.[1,7,8]

3.9.2. Métodos de recolha de urina

São utilizados vários métodos de colheita para evitar a contaminação. Qualquer que seja o método utilizado, as amostras de urina devem ser colhidas antes do início da terapêutica antibiótica.[8]

3.9.2. a. Recolha de urina a meio do curso de água

Este método foi descrito por Norden e Kass em 1968. É um método fiável, em que a MSU é colhida com todas as precauções estéreis num recipiente estéril. A colheita de amostras de urina a meio do jato deve ser efectuada cuidadosamente para obter resultados óptimos, especialmente nas mulheres. É essencial uma boa educação do paciente. As directrizes para a colheita adequada de amostras devem ser preparadas num cartão impresso (bilingue, se necessário) com o procedimento claramente descrito e, de preferência, ilustrado para ajudar a garantir a adesão do doente. É o método mais conveniente e mais frequentemente utilizado para a colheita de urina. Neste método, o doente deve ser instruído para limpar a área periuretral (ou seja, a ponta do pénis, as pregas labiais e a vulva) com duas lavagens separadas de água e sabão ou de um detergente suave para evitar a contaminação. Em seguida, é bem enxaguada com água morna esterilizada para remover o detergente. A primeira porção da urina é rejeitada e a urina subsequente do jato médio é esvaziada diretamente para um recipiente estéril de boca larga e é utilizada para cultura e outras investigações. A urina do jato médio é a amostra mais ideal para o diagnóstico de ITU. A primeira porção da micção elimina a flora normal da uretra distal e a urina do jato médio fornece uma imagem bacteriológica real do trato urinário.[5,8,17]

3.9.2. b. Aspiração suprapúbica

A colheita de urina da bexiga por aspiração suprapúbica elimina a contaminação uretral e vaginal. Com a aspiração suprapúbica da bexiga, a urina é retirada diretamente para uma seringa através de uma agulha inserida percutaneamente, assegurando assim uma amostra isenta de contaminação. A bexiga deve estar cheia antes de efetuar o procedimento. Esta técnica de colheita pode ser indicada em determinadas situações clínicas, como na prática pediátrica, quando a urina é difícil de obter. A bexiga cheia é perfurada com uma agulha e uma seringa e a amostra é colhida após uma preparação adequada da pele (antissepsia). Se forem utilizadas boas técnicas de assepsia, este procedimento pode ser efectuado com poucos riscos em bebés prematuros, lactentes, crianças pequenas e mulheres grávidas e outros adultos com bexiga cheia. Também pode ser utilizado em mulheres adultas quando não é possível obter amostras não contaminadas por outros métodos.[5,7]

3.9.3. c. Cateterização

Uma amostra de urina colhida por cateter é excelente, mas existe o risco de introdução de infeção. Os organismos ureterais podem ser introduzidos na bexiga através de um cateter. Embora invasivo, o cateterismo urinário pode permitir a recolha de urina da bexiga com menos contaminação uretral.[5,7]

3.9.4. Transporte e armazenagem

Como a urina é um bom meio para o crescimento da maioria das bactérias, a amostra de urina deve chegar ao laboratório de microbiologia para a cultura imediatamente após a colheita, para evitar a multiplicação indevida de possíveis contaminantes. Quando o atraso no transporte é inevitável, a urina deve ser imediatamente refrigerada ou preservada. Pode ser utilizado um dos seguintes métodos:

3.9.3. a. Refrigeração a 4^0 C

As contagens bacterianas na urina refrigerada permanecem constantes durante 24 horas. No entanto, os elementos celulares podem deteriorar-se durante o armazenamento. Mesmo com refrigeração, o atraso no exame pode resultar no crescimento diferencial de espécies bacterianas como os enterococos, que se podem multiplicar, embora a uma taxa reduzida, a baixas temperaturas.

3.9.4. b. Utilização de um recipiente com ácido bórico

Alguns profissionais utilizam recipientes de urina com ácido bórico, de modo a que, quando a amostra de urina é adicionada, exista uma concentração final de 1,8% de ácido bórico na urina. O ácido bórico é bacteriostático e, por isso, preserva a contagem bacteriana da maioria dos agentes patogénicos urinários e também os glóbulos brancos. No entanto, algumas estirpes bacterianas são inibidas pelo ácido bórico. Em alternativa, pode ser utilizado um tubo de transporte de urina disponível no mercado que contenha ácido bórico e formiato de glicerol e sódio para a preservação da urina.

9.3.3.c. Técnica de imersão em lâminas

Trata-se de uma lâmina disponível no mercado, coberta em cada lado com meio de cultura. Esta é imersa em urina recentemente esvaziada, drenada e depois enviada para o laboratório por correio para incubação a 36° C.

O método de cultura em lâmina de imersão é semi-quantitativo e é principalmente adequado para clínicas gerais situadas a uma distância do laboratório de microbiologia. [1,5,7,8]

O número de espécimes insatisfatórios só pode ser reduzido através de técnicas de colheita cuidadosas e da disponibilização de um sistema de transporte eficiente, quer através de um serviço diário de colheita de espécimes, quer exigindo que os doentes entreguem os espécimes no laboratório. Se for possível providenciar a supervisão de enfermagem da recolha das amostras no laboratório ou perto dele, o atraso na cultura pode ser totalmente eliminado.[1]

3.9.4. Métodos laboratoriais

3.9.5. a. Métodos de rastreio

A mera presença de bactérias na urina não indica uma ITU, sendo o critério a contagem de 10^5 ou mais organismos por ml. Assim, as amostras de urina são analisadas para detetar bacteriúria significativa através de vários métodos de rastreio.

Cerca de 60%-80% de todas as amostras de urina recebidas para cultura podem não conter qualquer agente etiológico de infeção ou conter apenas contaminantes. Um teste de despistagem fiável para detetar a presença ou ausência de bacteriúria significativa fornece informações importantes num mesmo dia, para as quais o método convencional de cultura de urina pode demorar um dia ou mais a fornecer as mesmas informações.

Observações gerais sobre os procedimentos de rastreio

Em geral, os métodos de despistagem são insensíveis a níveis inferiores a 10^5 CFU/ml. Por conseguinte, não são aceitáveis para amostras de urina colhidas por aspiração suprapúbica, cateterização ou cistoscopia. Os métodos de rastreio também não conseguem detetar um número significativo de infecções em doentes sintomáticos com baixas contagens de colónias (10^2 - 10^3 CFU/ml), tais como mulheres jovens e sexualmente activas com síndrome ureteral agudo. A seleção de um método de rastreio depende em grande medida do laboratório e da população de doentes servida pelo laboratório, por exemplo, haverá uma vantagem em termos de custos no rastreio da urina em laboratórios que recebem muitas amostras negativas para cultura. Por outro lado, a urina de doentes com

devem ser submetidas a culturas, por exemplo, as doentes no primeiro trimestre de gravidez devem ser submetidas a culturas porque estas mulheres podem parecer assintomáticas, mas têm uma infeção oculta e tornam-se sintomáticas mais tarde; as ITU em mulheres grávidas podem levar a pielonefrite e à probabilidade de um parto prematuro. Outras situações em que os doentes sem sintomas de ITU podem ser submetidos a culturas são as seguintes

- Bacteriémia de origem desconhecida
- Obstrução do trato urinário
- Acompanhamento após a remoção de um cateter de demora
- Acompanhamento da terapia anterior

Outros factores que devem ser considerados ao selecionar um método rápido de rastreio da urina incluem a precisão, a facilidade de execução do teste, a reprodutibilidade, o tempo de resposta e a deteção de bacteriúria e/ou piúria.[7]

Estão disponíveis vários métodos de rastreio. Estes incluem:

i. Métodos Microscópicos

O objetivo da microscopia é determinar o número de glóbulos brancos, mas um aumento (piúria) não indica necessariamente a presença de inflamação. A piúria está presente na maioria das infecções clínicas, mas pode estar ausente na bacteriúria sem sintomas. A contaminação grosseira da urina com glóbulos brancos pode ocorrer em caso de infeção do trato genital ou de uretrite. A inflamação da bexiga, por exemplo, trigonite ou traumatismo, operação cirúrgica ou cateterização uretral, pode aumentar o número de glóbulos brancos na urina. A piúria sem bacteriúria pode ser uma indicação de tuberculose. A excreção de glóbulos brancos é variável e os resultados obtidos numa única amostra de urina podem ser altamente enganadores. É possível obter uma melhor avaliação através de uma excreção cronometrada de 4 ou 6 horas. A microscopia também revela a presença de cilindros urinários, glóbulos vermelhos, células tubulares renais ou células atípicas, que podem indicar patologia renal não infecciosa. Os glóbulos brancos e as bactérias observados nas películas coradas com gram do depósito urinário podem ser provenientes do trato genital.

A montagem húmida é observada para células de pus, hemácias, células epiteliais e cristais. Dez ou mais células de pus/mm^3 de urina não diluída é uma indicação de bacteriúria significativa.

Os cilindros e os glóbulos vermelhos são melhor procurados num depósito centrifugado suavemente de uma amostra de urina fresca, de doentes seleccionados com suspeita de doença renal (ou endocardite infecciosa). Numerosos leucócitos granulares ou cilindros epiteliais sugerem envolvimento renal num doente infetado.

A piúria é a caraterística principal da inflamação e a presença de neutrófilos polimorfonucleares (PMNs) pode ser detectada e enumerada em amostras não centrifugadas. Este método de rastreio da urina correlaciona-se bastante bem com o número de PMNs excretados por hora. Os doentes com mais de 400 000 PMNs excretados na urina por hora são susceptíveis de estar infectados e a presença de mais de 8 PMNs/mm^3 correlaciona-se bem com esta taxa de excreção e com a infeção. A piúria também pode estar associada a outras doenças clínicas, como a vaginite, pelo que não é específica das ITU.

Coloração de Gram

Uma coloração de gram da urina é um meio fácil e económico de fornecer informações imediatas sobre a natureza do organismo infetante (bactéria ou levedura) para orientar a terapêutica empírica. Depois de se deixar secar ao ar uma gota de urina bem misturada, o esfregaço é fixado, corado e examinado sob imersão em óleo (100X) para detetar a presença de mais ou igual a 1 ou 5 bactérias / campo de imersão em óleo (OIF). A presença de mais ou igual a 1 ou 5 bactérias/OIF correlaciona-se com bacteriúria significativa e tem uma sensibilidade de 95-96% e uma especificidade de 91%.

Não se deve confiar na coloração de Gram para detetar leucócitos polimorfonucleares na urina porque os leucócitos deterioram-se rapidamente na urina que não é fresca ou não está adequadamente preservada. Não é preferível devido à sua falta de fiabilidade e à intensidade do trabalho. Se for utilizada, a coloração de Gram da urina deve ser limitada a doentes com pielonefrite aguda, doentes com ITUs invasivas ou outros doentes para os quais seja necessária informação imediata para um tratamento clínico adequado[5,7,11].

ii. Métodos químicos

O teste de despistagem química, que depende do metabolismo ativo das bactérias, tem sido utilizado para uma despistagem rápida. Uma mudança de cor neste método indica a presença de "bacteriúria significativa", mas infelizmente este método está associado a um número significativo de resultados falsos positivos ou falsos negativos. O método químico normalmente utilizado para o rastreio é:

Teste do cloreto de trifenil tetrazólio (TTC)

Este teste baseia-se na redução do cloreto de trifenil tetrzólio incolor e solúvel num composto insolúvel de cor rosa a vermelha - formazão de trifenil tetrazólio - a um pH alcalino devido à atividade respiratória das bactérias em crescimento em quatro horas. Algumas bactérias como os estafilococos, os estreptococos, alguns enterococos e *Pseudomonas* spp. não conseguem reduzir o TTC.[5,19]

iii. Métodos enzimáticos

Estes testes de rastreio detectam bacteriúria ou piúria através da análise da presença de enzimas bacterianas e/ou enzimas PMN e não dos próprios organismos ou PMNs. Os vários métodos enzimáticos utilizados são :

Teste do nitrato de Griess

Este procedimento de rastreio procura a presença de nitritos na urina, um indicador de ITU. As enzimas redutoras de nitratos (nitrato redutase) que são produzidas pelos agentes patogénicos mais comuns do trato urinário reduzem o nitrato a nitrito. Este teste foi incorporado numa tira de papel que também testa a esterase leucocitária, uma enzima produzida por PMNs. A enzima nitrato redutase está presente nos bacilos gram-negativos normalmente envolvidos nas ITU.[5,7,20]

Teste da esterase leucocitária

Este é um método de punção utilizado para a deteção de piúria. O teste é utilizado para a deteção de uma contagem de células de pus superior a 10 por mm^3 . A evidência de uma resposta do hospedeiro à infeção é a presença de PMNs na urina. Uma vez que as células inflamatórias produzem esterase leucocitária, foi desenvolvido um método simples, barato e rápido para medir esta enzima. Os estudos demonstraram que a atividade da esterase leucocitária se correlaciona com as contagens em câmara de hemocitómetro. Os testes da nitrato redutase e da esterase leucocitária foram incorporados numa tira de papel. Embora a sensibilidade da tira combinada seja superior à de qualquer um dos testes isoladamente, a sensibilidade deste rastreio combinado não é suficientemente elevada para recomendar a sua utilização como teste autónomo na maioria das circunstâncias. O teste da esterase leucocitária não é suficientemente sensível para determinar a piúria em doentes com síndroma uretral agudo.[5,7,21]

Teste da catalase

Trata-se de outro teste rápido de despistagem da urina baseado na deteção de uma enzima catalase presente na maioria das espécies bacterianas que causam habitualmente ITU, com exceção dos estreptococos e enterococos. Adiciona-se cerca de 1,5 a 2 ml de urina a um tubo que contém substrato desidratado. Adiciona-se peróxido de hidrogénio à urina e a solução é misturada suavemente. A formação de bolhas (efervescência) acima da superfície do líquido é interpretada como um teste positivo. Alguns estudos referem que este sistema não oferece vantagens significativas em relação à tira de esterasenitrito leucocitário. Este teste não é útil quando elementos celulares, como hemácias, estão presentes na urina.[5,7]

Teste da glucose oxidase

O teste baseia-se na utilização de uma pequena quantidade de glucose presente na urina normal pelas bactérias que causam a ITU. A ausência de alteração da cor devido à utilização de uma pequena quantidade de glucose pelas bactérias que causam a ITU indica uma bacteriúria significativa. Este teste é capaz de detetar 20-60 mg de glucose/litro.[5,22]

3.9.4. Métodos de cultura

Os métodos de cultura são a única forma exacta de diagnosticar a bacteriúria. Existem muitos métodos disponíveis. As técnicas quantitativas ou semi-quantitativas devem ser preferidas, mas a escolha depende dos recursos do laboratório. Os métodos mais exactos de contagem de bactérias, por exemplo, a técnica de pour- plate ou a contagem de superfície viável, são morosos e dispendiosos em termos de materiais; por conseguinte, a maioria dos laboratórios utiliza uma técnica semi-quantitativa. Os métodos da ansa padrão, da tira de papel de filtro, da colher de imersão e da lâmina de imersão são meios úteis para examinar um grande número de amostras de urina, mas diferem consideravelmente na quantidade de meio utilizado e no tempo de execução.[1]

3.9.4. a. Métodos quantitativos

i. Método da placa de derrame

Neste método, efectua-se uma diluição de dez vezes da amostra de urina. Adiciona-se um ml de urina diluída ao ágar sangue derretido e arrefecido (a 45^0 C), depois mistura-se bem e deita-se numa placa de Petri. A placa é incubada a 37^0 C durante 1824 horas. Após a incubação, conta-se o número de colónias e, partindo do princípio de que cada bactéria forma uma colónia, calcula-se o número total de bactérias por ml.[5]

ii. Método simplificado de espalhamento em placas (contagem de células viáveis na superfície)

Neste método, os volumes medidos de urina são diluídos em água estéril e espalhados na superfície de um meio sólido seco, tal como o meio deficiente em eletrólito de cisteína-lactose (CLED). Após incubação, cada colónia representa pelo menos uma bactéria na amostra de urina e o número aproximado de bactérias/ml de urina pode então ser calculado.[8]

Os métodos quantitativos são demasiado complicados, dispendiosos e impraticáveis em termos de rotina. Por conseguinte, estes são utilizados apenas como métodos de referência.

3.9.4. b. Métodos semi-quantitativos

i. Método do laço normalizado ou calibrado

É o método mais conveniente, mas o tamanho da ansa deve ser cuidadosamente controlado. Neste método, utiliza-se uma ansa com 0,001 ml de urina para inocular ágar sangue ou meio deficiente em electrólitos de cisteína-lactose ou outros meios adequados. Após incubação durante 18 a 24 horas, as placas são examinadas e as colónias são contadas. O número total de bactérias por ml de urina é obtido multiplicando o número de colónias por 1000. Este método é mais adequado para detetar um grande número de amostras de urina.[5]

ii. Método de cultura Dip-slide

Neste método, as lâminas de plástico disponíveis no mercado, revestidas com ágar CLED de um lado e ágar Mac Conkey do outro lado, são inoculadas por imersão em urina recentemente expelida ou por exposição das lâminas ao fluxo de urina durante a micção. As lâminas são colocadas num recipiente esterilizado e incubadas. Após a incubação, as colónias são contadas. Este método é vantajoso porque evita o problema da transferência da amostra de urina para o laboratório e permite o rastreio na própria clínica, mas é dispendioso.[5]

iii. Método de filtragem em papel de filtro de Leigh e Williams

Uma tira de papel absorvente disponível no mercado é dobrada de modo a formar um pé e é mergulhada na amostra de urina. O pé tem uma área padronizada medida e o pé inoculado com urina é pressionado contra a superfície de uma placa de ágar CLED. Cada placa é inoculada com um máximo de oito testes, cada um em duplicado. Após a incubação, o número de colónias na área de impressão é contado e, se estiverem presentes mais de 25 colónias, considera-se que a amostra de urina original tem mais de 10^8 organismos por litro.

Este método é fiável e pouco dispendioso. As urinas positivas no teste de despistagem podem ser investigadas mais aprofundadamente através do método da ansa padrão ou do método de contagem de células viáveis de superfície. Se existir a possibilidade de uma cultura mista, desde que a urina em investigação tenha sido entretanto mantida no frigorífico.[8]

3.9.5. Inoculação e incubação de culturas de urina

A escolha dos meios a inocular depende da população de doentes servida e da preferência do microbiologista. A utilização de uma placa de ágar sangue de carneiro a 5% e de uma placa de ágar MacConkey permite a deteção da maioria dos bacilos gramnegativos, estafilococos, estreptococos e enterococos. Para poupar custos e simplificar o processamento das culturas, muitos laboratórios utilizam uma placa de ágar dividida ao meio (placa dupla); um dos lados contém ágar-sangue de carneiro a 5% e a outra metade contém ágar MacConkey. Nalgumas circunstâncias, os enterococos e os estreptococos podem ser obscurecidos por um forte crescimento de Enterobacteriaceae. Devido a esta possibilidade, alguns laboratórios acrescentam uma placa selectiva para organismos gram-positivos, como o ágar Columbia colistina-ácido nalidíxico (CAN) ou o ágar álcool fenil etil.

Nos últimos anos, foram introduzidos e disponibilizados comercialmente por vários fabricantes meios cromogénicos que permitem uma deteção e diferenciação direta mais específica de agentes patogénicos do trato urinário em placas primárias. Estes meios utilizam reacções enzimáticas para identificar *E. coli* e *Enterococcus,* e também ajudam na identificação presuntiva de *S. saprophyticus, Str. agalactiae, Kleb-Enterobacter-Serratia* e o grupo *Proteus-Morganella-Providencia.*

Antes da inoculação, a urina é bem misturada e a parte superior do recipiente é removida. A ansa calibrada é inserida verticalmente na urina num copo. Caso contrário, será absorvido mais do que o volume desejado de urina, o que poderá afetar os resultados quantitativos da cultura. Se a urina estiver num tubo de pequeno diâmetro, a tensão superficial irá alterar a quantidade de amostra recolhida pela ansa. Deve ser considerada uma pipeta quantitativa se a urina não puder ser transferida para um recipiente maior. Uma vez inoculadas, as placas são semeadas para obter colónias isoladas.

Uma vez plaqueadas, as culturas de urina são incubadas durante a noite a 35^0 C. Na maior parte dos casos, a incubação durante um mínimo de 24 horas é necessária para detetar os uropatogénios.[7]

3.9.6. Outros métodos de rastreio

1. Métodos automatizados

Estão disponíveis comercialmente vários sistemas automatizados ou semi-automatizados de triagem de urina que são independentes ou dependentes do crescimento bacteriano. Ao examinar imagens de amostras de urina não centrifugadas utilizando uma câmara de vídeo, o sistema IRIS 939UDx e o sysmex UF-100 são capazes de reconhecer muitas estruturas celulares, incluindo leucócitos e bactérias.

Foi introduzido um instrumento robótico portátil Cellenium-160US para o rastreio da urina que utiliza sondas fluorescentes para corar uma monocamada de bactérias da urina numa membrana. Após a coloração, a membrana é então examinada com grande ampliação utilizando tecnologia de imagem de microscopia fluorescente computorizada.

Outro instrumento semi-automatizado - o sistema de rastreio de ITU de coral - utiliza um agente de libertação de células somáticas para começar por libertar e destruir o trifosfato de adenosina (ATP) nas células somáticas, enquanto o ATP bacteriano permanece protegido no interior da célula bacteriana. O ATP bacteriano é então libertado e detectado pelo instrumento. Os estudos efectuados até à data demonstraram que este instrumento tem uma sensibilidade e especificidade de 86% e 75,5%, respetivamente. Foram desenvolvidos muitos outros kits de rastreio automatizados disponíveis no mercado para o rastreio rápido de amostras de urina utilizando a fotometria de dispersão da luz em 4-5 horas, por exemplo, o autoback da Pfizer, o MS-2 Abbot, o sistema Vitek, etc.[5,7,23]

3.9.7. Outros métodos de deteção de bacteriúria

Vários outros métodos, como o ensaio Limulus-amoebócito para a deteção de endotoxinas bacterianas e a cromatografia líquida em fase gasosa baseada na deteção de produtos finais do metabolismo, podem também ser utilizados para detetar a bacteriúria.[1,5.]

Os resultados da cultura são muito mais importantes do que os resultados da microscopia. A interpretação dos resultados da cultura depende do tipo de amostra de urina colhida, se foram recentemente administrados antibióticos (os resultados negativos têm então um valor limitado) e do conhecimento das circunstâncias do transporte da amostra. Idealmente, a hora da colheita deve ser registada no recipiente da amostra e a hora anotada quando a amostra chega ao laboratório; os resultados "positivos" obtidos de amostras que tenham estado à temperatura ambiente durante mais de duas horas devem ser interpretados com precaução. A urina é um bom meio de cultura no qual os contaminantes se podem multiplicar e a "bacteriúria significativa" aplica-se apenas a amostras de urina bem colhidas que tenham sido adequadamente transportadas ou refrigeradas logo após a colheita.[8]

3.9.8. Interpretação dos resultados da cultura

As ITU podem ser completamente assintomáticas, produzir sintomas ligeiros ou causar infecções potencialmente fatais. É importante referir que os critérios mais úteis para a avaliação microbiológica de amostras de urina dependem não só do tipo de urina apresentada (por exemplo, esvaziada, cateterismo direto), mas também da história clínica do doente (por exemplo, idade, sexo, sintomas, terapêutica antibiótica). As directrizes importantes para a interpretação dos resultados das culturas de urina que devem ser tidas em consideração são

- Uma cultura pura de *S. aureus* é considerada significativa, independentemente do número de UFC e da realização de testes de suscetibilidade antimicrobiana.

- A presença de leveduras em qualquer quantidade é comunicada aos médicos e as culturas puras de leveduras podem ser identificadas até ao nível da espécie.

- Em todas as urinas, independentemente da extensão do trabalho final, todos os isolados devem ser enumerados (por exemplo, três organismos diferentes presentes a 10^3 CFU/ml) e os presentes em números superiores a 10^4 CFU/ml devem ser descritos morfologicamente (por exemplo, bastonetes gram-negativos não fermentadores de lactose).[7]

1.1.10. Interpretação da contagem de colónias

O termo bacteriúria significativa foi introduzido por Kass (1956). De acordo com os critérios de Kass:

- 100000 (10^5) ou mais bactérias por ml de urina indica uma bacteriúria significativa, devendo ser efectuado um teste de sensibilidade.

- Contagens entre 10000 e 100000 (10^4 e 10^5) por ml são de significado duvidoso e deve ser sempre efectuada uma cultura repetida, devendo ser recolhida a história adequada do doente.

- Contagens inferiores a 10000 (10^4) por ml indicam que não há bacteriúria significativa e são consideradas como contaminação.

- Os doentes com ITU verdadeira cuja urina pode produzir um número de bactérias inferior ao clássico 10^5 por ml incluem: doentes cateterizados, doentes que receberam tratamento, doentes com obstrução urinária que pode impedir a excreção do organismo, doentes com pielonefrite adquirida por via descendente, infeção com organismos de crescimento lento e cocos Gram-positivos (uma cultura pura de *S. aureus* é considerada significativa, independentemente do número), doentes que consomem grandes quantidades de líquidos e, por conseguinte, diluem a urina da bexiga, doentes que sofrem de síndrome uretral aguda e doentes que tomam agentes alcalinizantes ou acidificantes.

- Assim, a bacteriúria significativa definida por Kass foi modificada para incluir critérios quantitativos separados a aplicar a diferentes tipos de doentes.[5]

- Qualquer crescimento bacteriano em amostras obtidas por cateterismo, biopsia renal, aspiração suprapúbica e massagem pós-prostática deve ser considerado significativo.

  o Na maioria dos casos, a bacteriúria significativa deve-se a uma única estirpe bacteriana. O isolamento polimicrobiano pode dever-se a contaminação uretral ou perineal, cateteres uretrais de demora e infecções associadas à uretra, glândulas para-uretrais e rins. No entanto, ocasionalmente, em doentes sintomáticos, a contagem pode descer para 10^4 bactérias / ml ou mesmo para valores inferiores na ausência de antibióticos.[8]

1.1.11. Identificação dos agentes etiológicos

As culturas das amostras de urina positivas seleccionadas são identificadas através de testes bioquímicos e/ou serológicos normalizados. As reacções bioquímicas de rotina, como a fermentação do açúcar (glucose, lactose, sacarose e manitol), os testes IMViC (indol, vermelho de metilo, Voges-proskauer e citrato), o teste do sulfureto de hidrogénio, o teste da urease, o teste da catalase, o teste da oxidase, etc., são utilizados para a identificação. Para a confirmação final de alguns dos isolados, pode ser utilizado um teste de aglutinação em lâmina.

1.1.12. Outros inquéritos

Em alguns casos selectivos, são utilizadas outras investigações para além da cultura e da microscopia. Estes incluem:

- Teste de imunofluorescência - pode ser utilizado para detetar bactérias revestidas de anticorpos na urina, o que ajuda a determinar se o doente sofre de uma infeção da bexiga ou de uma infeção do tecido renal.

- Deteção de anticorpos - Podem ser detectados no soro anticorpos contra organismos infectantes.

- Investigações hematológicas de rotina - (Hb, TLC, DLC, etc.).

- Investigações bioquímicas, como a ureia sérica e a creatinina sérica.

- Radiografia do abdómen para KUB (rim, bexiga, ureter), ecografia e cistografia.[5]

1.1.13. Testes de suscetibilidade antimicrobiana

O teste de suscetibilidade é essencial para a escolha de agentes antimicrobianos. Estão disponíveis várias técnicas para determinar a suscetibilidade dos patogénios urinários aos agentes antimicrobianos. A escolha entre estas técnicas será influenciada pela carga de trabalho e pelo pessoal do laboratório. Os métodos geralmente utilizados são os testes do disco impregnado, do ponto de rutura e da concentração inibitória mínima. O teste do disco fornece apenas uma avaliação qualitativa da suscetibilidade, mas, na maioria dos isolados clínicos, é tudo o que é necessário para a escolha de um agente terapêutico adequado; o teste do ponto de rutura permite uma semi-quantificação da suscetibilidade, normalmente relacionada com uma concentração alta e baixa de cada antibiótico; e o teste da concentração inibitória mínima é o método quantitativo mais exato.

Por rotina, a suscetibilidade é determinada pelo método de difusão em disco de Kirby-Bauer / Stroke, utilizando fármacos que são excretados na urina em elevada concentração. O teste primário direto de suscetibilidade numa amostra de urina é realizado em casos de emergência clínica, de modo a que os resultados dos testes de sensibilidade aos antibióticos estejam disponíveis no dia seguinte à receção da amostra.[1,5]

3.10. RASTREIO DE IU ASSIMTOMÁTICAS

1. Mulheres grávidas

Cerca de 5% das mulheres que frequentam as clínicas pré-natais têm bacteriúria oculta (assintomática) na gravidez. Deve ser colhida por rotina uma MSU para microscopia, cultura e sensibilidade no início da gravidez e, se for demonstrada infeção, são necessários antibióticos adequados. Se não for administrada qualquer terapêutica antibiótica a este grupo de doentes, 20-30% das doentes desenvolverão pielite aguda da gravidez. Esta complicação pode ser prevenida através do tratamento eficaz da bacteriúria oculta.

2. Outros adultos

Os idosos têm uma elevada incidência de ITU assintomáticas e o tratamento não é normalmente indicado. Não vale a pena rastrear estes e outros adultos para detetar bacteriúria oculta.

3. Bebés e crianças

Considera-se geralmente impraticável organizar o rastreio de rotina dos bebés e é necessário um esforço máximo para investigar urgentemente qualquer bebé que apresente sintomas associados a uma ITU.[8]

3.11. MÉTODOS DE LOCALIZAÇÃO DA INFECÇÃO DO TRACTO URINÁRIO

A maioria dos doentes com ITU inferiores responde bem ao tratamento antimicrobiano e não necessita de mais investigações. No entanto, nos doentes com infecções recorrentes, é importante localizar o local da infeção, uma vez que isso influenciará grandemente o tratamento e o prognóstico. Os sinais e sintomas clínicos são um mau guia para a localização da infeção. Por isso, foram desenvolvidos testes de localização para determinar o local da ITU. Os métodos de localização podem ser divididos em (1) invasivos, em que são efectuados procedimentos de investigação no doente e (2) não invasivos, em que apenas são examinadas amostras de sangue e urina.

Os procedimentos invasivos são os menos realizados devido ao desconforto para o doente e ao custo, e o seu valor está limitado a um pequeno grupo de doentes altamente seleccionados.

Apenas as mulheres com infecções recorrentes ou sintomas de possíveis infecções do trato urinário superior devem ser investigadas mais aprofundadamente. Nos homens, nos quais a prevalência de infeção do trato urinário é baixa, qualquer episódio isolado de infeção confirmada ou sintomas persistentes referentes ao trato urinário ou à próstata devem ser sempre investigados para descobrir o local da infeção. As investigações iniciais devem incluir uma história clínica cuidadosa, um exame clínico e uma cultura de urina confirmatória.

3.11.1. Métodos invasivos

i. **Pielografia intravenosa** - revela muitas anomalias anatómicas e fisiológicas, mas não confirma o local da infeção.

ii. **Cistoscopia** - pode também ser necessária para excluir anomalias da bexiga e do ureter e

iii. **Cistografia miccional** - pode revelar disfunção da bexiga e refluxo ureteral. A presença de um pielograma anormal e a persistência de bacteriúria, apesar de uma quimioterapia antimicrobiana adequada, requerem investigações adicionais.

iv. **Métodos de lavagem da bexiga** - As infecções do trato urinário superior podem ser distinguidas das infecções do trato urinário inferior através de métodos de lavagem da bexiga em que as culturas são feitas antes e depois de uma lavagem prolongada; isto mostrará se as bactérias estão presentes apenas na bexiga (teste negativo) ou se estão na urina ureteral (teste positivo). A desvantagem deste método é que a infeção não pode ser rastreada até um rim individual e que, quando existe refluxo ureteral, a bacteriúria renal pode não ser detectada. No entanto, o método é simples e pode ser efectuado pelo pessoal de enfermagem e a bacteriúria vesical é erradicada pelo procedimento de lavagem.

v. **Cateterismo ureteral** - Embora difícil de efetuar, o cateterismo ureteral bilateral fornece informações precisas sobre a presença de ITU superior unilateral ou bilateral.

vi. **Biópsia** renal - Quando se efectua uma biópsia renal, o tecido removido deve sempre ser submetido a uma cultura, embora os resultados possam ser variáveis devido à natureza irregular das áreas infectadas e à pequena dimensão da amostra; uma cultura positiva permitirá a administração de um tratamento antimicrobiano adequado.

3.11.2. . Métodos não invasivos

O diagnóstico da infeção do trato urinário superior pode ser feito através da deteção de bactérias revestidas por anticorpos na urina. Na bacteriúria renal, os organismos estão revestidos com anticorpos, que são detectados por meio de anti-IgG marcado com fluoresceína, ao passo que na bexiga este revestimento não ocorre. Embora este método seja teoricamente útil para distinguir entre bacteriúria renal e vesical, existem muitas dificuldades de interpretação e o teste é menos exato em crianças do que em adultos. Além disso, as bactérias de origem vaginal e prostática também apresentam revestimento de anticorpos.

A deteção de anticorpos séricos contra o antigénio "O" das bactérias gramnegativas infectantes, em particular a *E. coli,* pode ser utilizada no diagnóstico das ITU superiores.

Verificou-se que os doentes com pielonefrite aguda ou infecções do parênquima renal sem sintomas apresentavam títulos elevados, enquanto os títulos mais baixos estavam associados a infecções da bexiga. Foram comunicadas duas técnicas: o teste de hemaglutinação indireta para detetar anticorpos IgM e o teste de aglutinação bacteriana direta para detetar principalmente anticorpos IgG. No entanto, os resultados podem ser difíceis de ler devido à produção variável de antigénios e aos anticorpos específicos de cada estirpe. Outras dificuldades estão relacionadas com a fraca produção de anticorpos em crianças e idosos e em infecções sem sintomas. Os títulos de IgM dependerão da fase da infeção no doente. Foi registada uma fraca correlação com o teste de bactérias revestidas por anticorpos.

A β2-microglobulina urinária e os enzimas urinários têm sido utilizados como detectores de lesão renal, mas têm pouco valor. A deteção da proteína C-reactiva no soro é um teste simples e eficaz para distinguir entre infecções do trato superior e inferior e pode ser utilizada como indicador de um tratamento bem sucedido, uma vez que as concentrações voltam rapidamente ao normal após a cura. Os anticorpos IgG para a proteína de Tamm-Horsefall também são úteis na distinção entre pielonefrite e cistite.

Existem muitos testes disponíveis para a localização do local da infeção, mas há discrepâncias consideráveis entre os resultados obtidos.[1,8]

3.12. TRATAMENTO DE IU

3.12.1. Princípios do tratamento das ITU

O tratamento da infeção clínica é essencial para prevenir a doença constitucional, a bacteriemia e outras complicações. Nos doentes com infeção assintomática, o tratamento pode não ser necessário porque a remissão espontânea é comum. No entanto, determinados grupos de doentes, como as mulheres grávidas, os diabéticos ou as pessoas que vão ser submetidas a uma operação cirúrgica ou a outro tipo de instrumentação do trato urinário, devem receber tratamento porque a bacteriúria é um fator de risco importante para complicações graves.[1]

A terapia antimicrobiana deve ser adaptada às necessidades do indivíduo

O tratamento deve ser efectuado de acordo com as necessidades do doente, mas devem ser seguidos dois princípios fundamentais: (1) a dose do agente antimicrobiano deve produzir concentrações terapêuticas no local da infeção e (2) a duração do tratamento deve ser apenas a necessária para alcançar o efeito desejado - erradicação ou supressão da infeção - minimizando os efeitos negativos da resistência bacteriana, da superinfeção e da toxicidade do medicamento.[1]

Nas infecções agudas simples, um tratamento curto com uma duração não superior a três dias é normalmente suficiente. A terapêutica de dose única é frequentemente eficaz nas ITU não complicadas, mas mesmo com uma dose elevada, as taxas de cura são inferiores às dos tratamentos convencionais. No entanto, a terapêutica de dose única é mais aceitável para o doente e garante o seu cumprimento. A dose única deve ser tomada de preferência imediatamente antes de dormir para manter uma elevada concentração de agente antimicrobiano na bexiga quando a taxa de micção é mais lenta. Em situações em que as defesas do hospedeiro estejam comprometidas, como na velhice ou na diabetes mellitus, ou em que exista a possibilidade de ITU superior, a terapêutica com dose única deve ser evitada.[1,8]

As ITU complicadas são muito difíceis de tratar e o agente infecioso pode apresentar um amplo espetro de resistência antimicrobiana. É frequentemente necessário um tratamento prolongado e devem ser utilizadas doses elevadas, em especial quando há envolvimento renal.

A maioria dos doentes com infeção do trato urinário responderá aos regimes convencionais de terapia oral ou sistémica, mas a utilização de lavagens intravesicais da bexiga com anti-sépticos ou agentes antimicrobianos é útil em infecções induzidas por cateteres ou quando o fluxo de urina é muito reduzido.[1]

Nas infecções recorrentes sem qualquer anomalia subjacente conhecida, a infeção deve ser tratada de acordo com a causa precipitante provável. Nas mulheres, as recorrências podem estar associadas a relações sexuais e uma dose profiláctica de um agente antimicrobiano tomada nas 12 horas seguintes ao coito previne normalmente a infeção. Nos homens com infecções recorrentes devidas a disfunção prostática, nos quais a intervenção cirúrgica não é desejável ou não é possível, uma dose única diária pode prevenir a recorrência. Pode ser utilizado um regime semelhante em mulheres com incontinência de esforço, problemas do pavimento pélvico, perturbações do esvaziamento da bexiga, etc. Na terapêutica a longo prazo, a dose deve ser a mínima para manter a esterilidade da urina e para evitar efeitos secundários; é necessária uma monitorização regular da urina.[1]

Por vezes, é necessária uma combinação de medicamentos, especialmente nas ITU causadas por bactérias resistentes a múltiplos antibióticos. Pode ser utilizada uma combinação de uma ureidopenicilina com um aminoglicosídeo. Na pielonefrite crónica, é essencial uma terapêutica a longo prazo, que pode exigir estudos repetidos de cultura e suscetibilidade para indicar alterações na terapêutica, se necessário. Como as recidivas são comuns nas ITU, a urina deve ser examinada durante 3-7 dias após o tratamento e novamente após um mês. Na infeção crónica, a urina também deve ser analisada repetidamente devido ao desenvolvimento de resistência aos medicamentos durante o tratamento.[1]

As sulfonamidas são geralmente excelentes para tratar a ITU não complicada, mas a incidência de *E. coli* resistente às sulfonamidas é de cerca de 20% em muitas áreas. O cotrimoxazol ou o trimetoprim são activos contra mais de 90% das bactérias isoladas da urina na prática geral. Atualmente, recomenda-se o uso de trimetoprim isolado, em vez de co-trimoxazol, para o tratamento de ITUs não complicadas em adultos na prática geral.

As tetraciclinas são frequentemente ineficazes e, em todo o caso, não devem ser administradas a crianças pequenas, mulheres grávidas ou qualquer doente com insuficiência renal. A ampicilina, o pivmecilinam e as cefalosporinas são também medicamentos razoavelmente seguros para administrar a mulheres grávidas com uma ITU comprovada, desde que os agentes patogénicos sejam sensíveis a estes agentes.

3.13. PREVALÊNCIA DE IU

As infecções do trato urinário (ITU) são as infecções bacterianas mais comuns. Aproximadamente 10% dos seres humanos terão uma ITU em algum momento das suas vidas. De notar que as ITU são também as infecções hospitalares mais comuns, representando 35% das infecções nosocomiais. A prevalência das ITU depende da idade e do sexo. A incidência de ITU nos homens mantém-se relativamente baixa após um ano de idade e até aproximadamente aos 60 anos, altura em que o aumento da próstata interfere com o esvaziamento da bexiga. Por conseguinte, as ITU são predominantemente uma doença do sexo feminino. A incidência de bacteriúria em raparigas dos 5 aos 17 anos de idade é de 1-3% e aumenta gradualmente com o tempo até atingir 10-20% em mulheres mais velhas. Nas mulheres entre os 20 e os 40 anos de idade que tiveram ITU, cerca de 50% podem voltar a ser infectadas no espaço de um ano.

A associação das ITU com as relações sexuais também pode contribuir para este aumento da incidência, uma vez que a atividade sexual aumenta as hipóteses de contaminação bacteriana da uretra feminina. Finalmente, como resultado das alterações anatómicas e hormonais que favorecem o desenvolvimento de ITU, a incidência de bacteriúria aumenta durante a gravidez. Estas infecções podem levar a infecções graves tanto na mãe como no feto.

As ITU são complicações importantes da diabetes, da doença renal, do transplante renal e das anomalias estruturais e neurológicas que interferem com o fluxo urinário. As ITU são uma das principais causas de sepsis gram-negativa em doentes hospitalizados e estão na origem de cerca de metade de todas as infecções nosocomiais causadas por cateteres urinários.[1,7]

3.13.1. Prevalência, etiologia e antibiograma dos uropatógenos em mulheres grávidas

A gravidez é um estado único com alterações anatómicas e fisiológicas do trato urinário. As taxas de bacteriúria assintomática em mulheres grávidas e não grávidas são semelhantes, mas enquanto a bacteriúria assintomática em mulheres não grávidas é geralmente benigna, as mulheres grávidas com bacteriúria têm uma maior suscetibilidade à pielonefrite. A obstrução ao fluxo de urina na gravidez leva à estase e aumenta a probabilidade de a pielonefrite complicar a bacteriúria assintomática. As alterações fisiológicas induzidas pela gravidez no sistema urinário que facilitam a progressão da bacteriúria assintomática para pielonefrite aguda incluem a dilatação dos ureteres e da pélvis renal induzida pela progesterona, a deslocação da bexiga urinária da pélvis para o abdómen e a estase urinária devido à diminuição do tónus ureteral e vesical[24,25].

As infecções do trato urinário são as infecções bacterianas mais comuns na gravidez. A *bacteriúria* assintomática ocorre em 2-10% das mulheres grávidas[26] e a *E. coli* é o agente patogénico mais comum associado tanto à bacteriúria sintomática como à assintomática, representando 70-80% dos isolados, podendo ser mais do que isso. Outros organismos associados à bacteriúria assintomática incluem outras bactérias gram-negativas, *S. aureus* e estreptococos do grupo B.[27-30] Observou-se que esta taxa de prevalência permanece constante e a maioria dos estudos observacionais recentes, incluindo os de países em desenvolvimento, mostram taxas semelhantes de prevalência de bacteriúria assintomática em mulheres grávidas29,31-35.

Abdullah et al. (2005) estudaram a prevalência de bacteriúria assintomática em 505 mulheres grávidas em Sharjah e registaram 24/505 amostras (4,8%) positivas para bacteriúria assintomática. Das 24 amostras de urina positivas para bacteriúria assintomática, 16 amostras de urina revelaram *E. coli* (66,7%) e em oito amostras de urina o organismo isolado foi outro que não *E. coli* (33,3%). O estudo da suscetibilidade aos antibióticos revelou que a gentamicina, a ciprofloxacina e a fosfomicina (100% cada) foram os agentes mais eficazes contra a *E. coli*, seguidos da cefalexina e da amoxicilina-ácido clavulânico (81,3% cada). O trimetoprim (37,5%), a ampicilina e o ácido nalidíxico (50% cada) foram considerados agentes menos eficazes, mas a nitrofurantoína foi considerada eficaz contra 68,8% dos isolados de *E. coli* de casos de bacteriúria assintomática.[36]

Aziz Khattak et al. (2006) estudaram a prevalência de bacteriúria assintomática e registaram uma taxa de prevalência de 6,2% em mulheres grávidas e uma taxa de prevalência de 2,85% no grupo de controlo de mulheres não grávidas. Os isolados mais frequentes registados foram *E. coli* (38,89%), seguidos de *S. saprophyticus* e *Enterobacter* spp. (16,68% cada), *S. aureus, Streptococcus agalactiae, Proteus mirabilis, Serratia marcescens* e *C. albicans* (5,55% cada).[37]

Dimetry et al. (2007) efectuaram um estudo de acompanhamento de 249 mulheres grávidas em diferentes trimestres que frequentavam os CPN. O estudo revelou uma taxa de prevalência de 37,3% de ITU durante a gravidez. A ITU foi mais frequentemente registada durante o 1st trimestre (66,7%), seguida do 3rd trimestre (37,8%) e do 2nd trimestre (25%). *Klebsiella* (45,8%) e *E. coli* (37,5%) foram os organismos mais comuns que causaram ITU. A infeção foi mais comum na faixa etária de 30 anos ou mais (61,5%), seguida por 25-30 anos (31,2%) e < 25 anos (28,3%).[38]

Rahimkhani et al. (2007) estudaram um total de 86 mulheres grávidas durante o primeiro trimestre e 56 mulheres não grávidas sem antecedentes de ITU. Registaram bacteriúria assintomática em 29,1% do grupo de estudo e 5,4% no grupo de controlo. Verificou-se que o *Staphylococcus epidermidis* (36%) era o organismo mais comum, seguido de *E. coli* (20%), *Staphylococcus saprophyticus, S. haemolyticus,* estreptococos do grupo D (12% cada) e *Proteus mirabilis* (8%); no entanto, num grupo de controlo, o *Staphylococcus epidermidis* (66,7%) foi o organismo mais comum, seguido de *E. coli* (13,3%).[39]

Noor et al. (2007) realizaram um estudo transversal em 543 mulheres grávidas que frequentavam os CPN e registaram uma taxa de prevalência de bacteriúria significativa em 2,6% dos casos. A bacteriúria significativa foi mais comum durante o 1st trimestre (6,9%), seguida do 3rd trimestre (2,6%) e do 2nd trimestre (1%). Os estreptococos β-hemolíticos (28,7%) foram o organismo mais comum, seguidos de *E. coli* (21,5%), *Klebsiella* spp. (14,3%) e *Citrobacter* spp., *Staphylococcus epidermis*, *Staphylococcus saprophyticus* CONS, *Streptococcus viridance* (1,7%).[40]

Enayat et al. (2008) efectuaram um rastreio de 1505 mulheres grávidas para detetar e registaram bacteriúria significativa em 134 (8,9%) casos. *E. coli* (58,96%) foi o isolado mais comum, seguido por CONS (16,8%), *S. aureus* (13,43%), *Enterobacter* spp. (7,46%) e *Klebsiella* spp. (3,73%). A cefotaxima, a ciprofloxacina, a cefotizoxima e a norfloxacina foram os agentes mais eficazes. No entanto, a maioria dos isolados era resistente à ampicilina, à gentamicina, à amicacina e ao cotrimaxol.[41]

Okonko et al. (2009) estudaram 80 mulheres grávidas e registaram uma bacteriúria significativa em 47,5% dos casos. Foi encontrada uma taxa de prevalência de 77,8% no grupo etário dos 36-40 anos, seguida de 50% nos grupos etários dos 21-25 anos e 31-35 anos, e a mais baixa (37,1%) no grupo etário dos 26-30 anos. Verificou-se que *E. coli* (42,1%) era o agente causal mais comum, seguido de *Staphylococcus aureus (28,9%),* *Klebsiella aerogenes* (18,4%) e *Pseudomonas aeruginosa* (5,3%), tendo sido encontrada uma cultura mista de *Klebsiella* e *Staphylococcus* spp. em dois casos (5,3%). Verificaram também que a taxa de isolamento de *Klebsiella aerogenes* e *Staphylococcus aureus* era mais elevada em amostras colhidas em todos os grupos etários, ao passo que *Pseudomonas aeruginosa* foi isolada exclusivamente no grupo etário dos 36-40 anos. Este estudo também mostrou que as mulheres nos 2nd e 3rd trimestres tinham um maior número de casos de ITU, com uma incidência de 41,4% e 55,1%, respetivamente. As mulheres no 1st trimestre não registaram crescimento bacteriano específico e não apresentaram sinais de ITU.[42]

Mbakwem-Aniebo e Dike (2009) registaram uma taxa de prevalência de 51% de ITU em mulheres grávidas, com 63,64% na zona rural e 35,56% na zona urbana. *E. coli* (25,5%) foi o isolado mais comum, seguido de *Staphylococcus* spp. (23,5%), *Candida* spp. (23,5%), *Klebsiella* spp. (15,7%), *Pseudomonas aeruginosa* (5,9%), *Proteus mirabilis* (3,9%) e *Streptococcus* spp. (2%).

A Klebsiella spp. foi considerada mais sensível ao cloranfenicol, à cloxacilina e à ciprofloxacina. *A E. coli foi considerada* sensível à ciprofloxacina e à nitrofurantoína e *os Staphylococcus* spp. foram sensíveis à eritromicina, à penicilina e à ciprofloxacina. Os *Proteus spp. eram* sensíveis à ampicilina e à ciprofloxacina. *As Pseudomonas spp.* eram sensíveis à gentamicina, ao ácido nalidíxico e à ciprofloxacina.[43]

Obiogbolu et al. (2009) estudaram um total de 100 amostras de urina a meio do jato de mulheres grávidas e registaram 54 (54%) amostras com culturas positivas. O estudo também mostrou que a maior percentagem de mulheres grávidas (61,5%) com ITUs se encontrava no grupo etário dos 26-30 anos, seguido dos grupos etários dos 15-20 anos (53,3%) e dos 21-25 anos (51,3%). A *E. coli* (37%) foi o agente patogénico bacteriano mais frequentemente isolado, seguida da *Klebsiella aerogenes* (20,4%), *Proteus mirabilis* (16,7%), *Pseudomonas aeruginosa* (13%), *Staphylococcus aureus* (7,4%) e *Staphylococcus epidermidis* (5,6%).[44]

Moghadas e Irajian (2009) registaram uma taxa de prevalência de 3,3% de *bacteriúria* assintomática em mulheres grávidas e *E. coli.* (70%) foi o isolado mais comum, seguido de *Klebsiella* spp. (20%) e *Enterobacter* spp. (10%). A bacteriúria assintomática foi mais comum nos grupos etários 30-35 anos e 35-40 anos (30% cada), seguidos dos grupos 25-30 anos (20%) e 20-25 anos e 40-45 anos (10% cada). A ceftazidima, a ciprofloxacina e a cefotaxima (80% cada) foram os agentes antimicrobianos mais comuns eficazes contra os uropatogénios, seguidos da gentamicina e do cloranfenicol (70% cada). A ampicilina e a amoxicilina-ácido clavulânico foram os agentes antimicrobianos menos eficazes (10%).[45]

Hider et al. (2010) estudaram a prevalência de ITU em 108 mulheres grávidas sintomáticas e registaram uma bacteriúria significativa em 4,3% dos casos. Verificou-se que a bacteriúria significativa era mais comum no grupo etário dos 20-30 anos (60%) do que no grupo etário dos 31-40 anos (40%).[46]

Nworie e Eze (2010) estudaram a prevalência de ITU em 200 mulheres grávidas (sintomáticas e assintomáticas) e registaram uma bacteriúria significativa em 48% dos casos. A prevalência foi mais elevada (41,7%) no grupo etário dos 21-25 anos, seguido do grupo etário dos 26-30 anos (34,40%), 31-35 anos (18,80%) e 16-20 anos (3,10%), enquanto a prevalência foi mais baixa no grupo etário dos 36-40 anos (2,0%). Registou-se uma taxa de infeção mais elevada no 3rd trimestre (82,3%), em comparação com o 2nd trimestre (17,7%). *S. aureus* (44,8%) foi o agente patogénico mais frequentemente isolado, seguido de *K. pneumoniae* (15,2%), *E. coli* (10,5%), *Enterococcus faecalis* (9,5%), CONS (8,6%), *P. aeruginosa* (6,7%), *Strep. pyogenes* e *Candida* spp. (1,9% cada) e *P. mirabilis* (0,9%).[47]

Sibiani (2010) efectuou uma análise retrospetiva de 9698 amostras de urina de mulheres que frequentavam a primeira consulta clínica pré-natal. Das 9698 amostras de urina, dos casos de bacteriúria assintomática, 166 (1,7%) apresentaram crescimento bacteriano significativo. A bacteriúria significativa foi mais frequente no grupo etário dos 35-45 anos (2,8%), seguido do grupo etário dos 20-34 anos (1,7%). Não foi detectada bacteriúria significativa nos grupos etários < 20 anos e > 45 anos. *E. coli* (53%) foi a bactéria mais comum isolada, seguida por *Candida albicans* (19,9%), estreptococos do grupo B (10,8%), estafilococos e Acinetobacter (4,8%), difteróides (3%), Proteus e Klebsiella (0,6% cada).[48]

Andabati e Byamugisha (2010) analisaram 218 amostras de urina de mulheres grávidas para detetar bacteriúria assintomática e registaram um crescimento bacteriano significativo em 29 (13,1%) casos. *E. coli* foi o isolado mais comum, representando 51,2%, seguido por *S. epidermidis* (20,2%), *Klebsiella* (18%), *S. aureus* (6,2%), *Pseudomonas* (6%) e *Enterococcus* (0,8%). A maioria dos isolados bacterianos (62%) eram resistentes à amoxicilina, mas eram sensíveis à ceftriaxona e à augmentina. A *E. coli* foi o isolado mais prevalente e verificou-se que era mais sensível à ceftriaxona (100%) seguida da augmentina.[49]

Moyo et al. (2010) efectuaram uma análise retrospetiva de 200 amostras de urina de mulheres grávidas e registaram 21% de amostras positivas para bacteriúria significativa. Verificou-se que a *E. coli era* a bactéria mais frequentemente isolada (33,3%), seguida de *Klebsiella* spp. (21,4%), CONS (16,7%), *S. aureus* (14,3%), *Proteus* spp. (7,1%) e *Enterococcus* spp. (7,1%). A sensibilidade global aos antibióticos de primeira linha para as ITU foi a seguinte: nitrofurantoína (81,3%), Co-trimoxazol (61,5%) e ampicilina (42,3%). A sensibilidade aos medicamentos de segunda linha foi: amicacina (95%) e ciprofloxacina (86,4%).[50]

Rahman et al. (2010) efectuaram uma análise retrospetiva de 1664 mulheres grávidas por bacteriúria significativa e registaram uma taxa de prevalência de 12,01%. *E. coli* (75%) foi o uropatógeno mais predominante isolado, seguido por *Klebsiella* spp. e *Pseudomonas* spp. (10% cada) e *Proteus* spp. e *S. epidermidis* (2,5% cada). *A E. coli foi considerada* sensível à gentamicina, à cefradina e à cefuroxima; no entanto, *a Klebsiella spp.* foi considerada sensível à gentamicina e à cefuroxima. *Pseudomonas spp.* à gentamicina e à cefuroxima; *Proteus* spp. à cefuroxima e *S. epidermidis* à cefuroxima.[51]

Oli et al. (2010) realizaram um estudo prospetivo sobre bacteriúria assintomática em mulheres grávidas e registaram uma taxa de prevalência de bacteriúria significativa em 18,21% dos casos e de candidúria em 4,76% dos casos. A co-infeção de *Candida* e bactérias foi observada em sete amostras de urina. A prevalência foi de 42,86% no grupo etário de 40 anos ou mais, 29,63% no grupo etário de 35-39 anos, 22,76% no grupo etário de 30-34 anos, 21,67% no grupo etário de 20-24 anos e 21,43% no grupo etário de 25-29 anos. A prevalência de bacteriúria significativa foi mais comum (72,30%) no 3rd trimestre, seguida de 44,61% no 2nd trimestre e 9,23% no 1st trimestre. *Escherichia coli* foi a bactéria isolada mais frequente (25,62%), seguida por *S. aureus* e *Candida albicans* (20,73% cada), *S. saprophyticus* (15,85%), *Klebsiella aerogenes* (13,41%) e a menos comum foi *Proteus mirabilis* (3,66%). O padrão de sensibilidade aos antibióticos dos isolados mostrou que a ceftriaxona foi o agente antimicrobiano mais eficaz (75,38%), seguido da clindamicina (72,31%) e da gentamicina (60%), sendo a ampicilina/cloxacilina (23,07%) o menos eficaz.[52]

Rizvi et al. (2011) realizaram um estudo caso-controlo de cinco anos e comunicaram uma taxa de prevalência de 51,2% (4290/8379) de bacteriúria significativa. A prevalência de bacteriúria assintomática (74,8%) foi superior à de bacteriúria sintomática (25,2%). A maioria das doentes com ITU sintomática e assintomática encontrava-se no 1st trimestre de gravidez (53,5%), seguida do 3rd trimestre (44,5%) e apenas (1,98%) tinha bacteriúria no 2nd trimestre de gravidez. Os organismos mais frequentemente isolados foram *E. coli* (41,9%), seguida de *Klebsiella pneumoniae* (21,7%), *Citrobacter koseri* (7,34%), *S. saprophyticus* e *S. epidermidis* (6,4%), *Proteus mirabilis* e *Pr. vulgaris* (6,29%), *S. aureus* (5,9%), *Enterococcus faecalis* e *Streptococcus* spp. (3,4% cada).[53]

Kehinde et al. (2011) realizaram um estudo transversal para determinar a prevalência de bacteriúria significativa entre indivíduos pré-natais assintomáticos e registaram uma taxa de prevalência de bacteriúria significativa em 28,8% dos casos. A prevalência mais elevada foi registada no grupo etário dos 25-29 anos (47,8%), seguido dos 20-24 anos (29,4%), 30-34 anos (15,4%), 35-39 anos (6,7%) e < 20 anos (0,7%). A prevalência de bacteriúria significativa foi mais comum (69,8%) no 2nd trimestre, seguida pelo 3rd trimestre (28%) e menos (2,2%) no 1st trimestre.[54]

Kawser et al. (2011) estudaram a prevalência de ITU durante a gravidez em 250 mulheres grávidas e registaram uma bacteriúria significativa em 26% dos casos. A prevalência de bacteriúria significativa foi mais frequente (44,61%) no grupo etário dos 21-25 anos, seguido dos 26-30 anos (27,69%), 31-35 anos (16,92%) e 16-20 anos (6,15%), enquanto o grupo etário dos 36-40 anos registou a menor prevalência de infeção (4,61%). A prevalência de bacteriúria significativa foi mais comum no 3rd trimestre (78,46%) em comparação com o 2nd trimestre (12,30%) e o 1st trimestre (9,23%). *E. coli* foi o uropatógeno mais comum (86,15%) isolado, seguido por *Klebsiella* spp. (7,69%) e *Proteus* spp. (4,61%).[55]

Senani (2011) efectuou um estudo retrospetivo descritivo transversal de base hospitalar para descobrir a prevalência de bacteriúria assintomática em 987 amostras de urina colhidas de mulheres grávidas e comunicou uma taxa de prevalência de bacteriúria significativa em 35,2% dos casos. A prevalência específica por idade mais elevada registou-se entre os 26 e os 30 anos (11,4%) e a mais baixa entre os 46 e os 48 anos (0,3%). Verificou-se que o *Streptococcus agalactiae* (6,62%) era o organismo mais comum, seguido de *E. coli* (3,17%), *Enterococcus faecalis* e *Klebsiella pneumoniae* (1,152%), *Candida albicans* (0,57%), *Acinetobacter* spp. (0,28%) e outros (2,59%).[56]

Ansari e Rajkumari (2011) estudaram a prevalência de bacteriúria assintomática em 125 mulheres grávidas assintomáticas e registaram uma bacteriúria significativa em 16,8%. A bacteriúria significativa foi mais frequentemente encontrada no grupo etário dos 26-35 anos (33,3%) e no grupo etário dos 15-25 anos 15,04%. A prevalência de bacteriúria significativa foi mais comum no 3rd trimestre (28,57%), seguida do 2nd trimestre (16,35%) e do 1st trimestre (14,29%). *Klebsiella pneumoniae* e *S. aureus* foram os uropatógenos mais comuns (28,57% cada) isolados, seguidos por CONS (19,05%), *E. coli* (14,28%) e *Enterococcus faecalis* (9,52%).[57]

Saeed e Tariq (2011) estudaram as ITU sintomáticas e assintomáticas durante a gravidez. Verificou-se que a taxa de prevalência de bacteriúria significativa era de 33,3% nos casos sintomáticos e de 13,7% nos casos assintomáticos. Na ITU sintomática, *E. coli* foi o uropatógeno mais comum isolado (58,7%), seguido por *S. aureus* (17,3%), *S. saprophyticus* (8,6%), *Klebsiella pneumoniae* (5,2%), *Micrococcus varians* (3,4%) e outros organismos em ordem decrescente de frequência. No entanto, nas ITU assintomáticas, *E. coli* e *S. aureus* (35,5% cada) seguidos de *S. saprophyticus* (16,1%), *Klebsiella pneumoniae* (9,7%), *P. aeruginosa* (3,2%) e outros organismos por ordem decrescente de frequência. Verificou-se que as ITU eram mais comuns em mulheres grávidas sintomáticas (33,3%) e assintomáticas (13,7%), como

em comparação com as mulheres não grávidas sintomáticas (31,4%) e assintomáticas (9,8%).[58]

Sharma et al. (2012) estudaram a bacteriúria assintomática entre mulheres grávidas e registaram uma taxa de prevalência de bacteriúria significativa em 26% dos casos. O organismo mais comum causador de bacteriúria foi *E. coli* (70,8%), seguido de *Klebsiella* spp. (16,7%), Streptococcus do Grupo B (8,3%) e *P. mirabilis* (4,2%). A maioria dos isolados no seu estudo foi considerada sensível à ciprofloxacina e à gentamicina e resistente ao co-trimoxazol.[59]

Atar et al. (2012) estudaram o perfil bacteriano e o padrão de suscetibilidade de ITU em mulheres grávidas com cálculos ureterais e hidronefrose, e relataram bacteriúria significativa em 26,2% dos casos. A *E. coli* foi o agente patogénico mais comum (64,7%), seguida da *Klebsiella pneumoniae* (29,4%) e do *S. hemolyticus* (5,9%). A cefotaxima (100%) contra a *E. coli* e a ampicilina (80%) contra a *Klebsiella pneumoniae* foram considerados os agentes antimicrobianos mais eficazes. A maioria dos isolados foi considerada suscetível à amicacina, cefuroxima, ciprofloxacina, gentamicina, com 100% de suscetibilidade ao imipenem, meropenem, nitrofurantoína, norfloxacina, etc.[60]

Boye et al. (2012) estudaram ITUs assintomáticas em mulheres grávidas e relataram bacteriúria significativa em 56,5% dos casos. A prevalência de bacteriúria significativa foi de 33,6% na faixa etária de 27-32 anos, 30,1% na faixa etária de 21-26 anos, 24,8% na faixa etária de 15-20 anos, 8% na faixa etária de 33-38 anos e menos (3,5%) na faixa etária de 39-44 anos. A prevalência de bacteriúria significativa foi mais comum (50,4%) no 2nd trimestre, seguida de 26,5% no 3rd trimestre e 23% no 1st trimestre. *E. coli* (55%) foi o isolado mais frequente, seguido de *Klebsiella pneumoniae* (27%), *S. aureus* (19%), *Proteus mirabilis* (8%), *Pseudomonas aeruginosa* e *Enterobacter faecalis* (2% cada). Verificou-se que a *E. coli* foi o isolado mais comum durante os três trimestres, com uma prevalência máxima durante o 2nd trimestre. A gentamicina (56,53%) foi o agente antimicrobiano mais eficaz, seguida da tetraciclina (28,31%).[61]

Obirikorang et al. (2012) estudaram a bacteriúria assintomática entre mulheres grávidas e registaram uma bacteriúria assintomática em 9,5% dos casos. A bacteriúria significativa foi comumente observada na faixa etária de 30-34 anos (36,8%), seguida pelas faixas etárias de 25-29 anos (26,3%), 35-39 anos (15,8%), 20-24 anos (10,5%) e 15-19 e 40-44 anos (5,3% cada). Também a prevalência de bacteriúria significativa foi mais comum no 2nd trimestre (15,4%), seguida de 8,1% no III trimestre e 5,5% no I trimestre de gravidez. *E. coli* foi o isolado bacteriano mais comum (36,8%), seguido de *Klebsiella* spp. (26,3%), *S. aureus* (21,1%) e outros coliformes (15,8%).[62]

Adabara et al. (2012) relataram uma taxa de prevalência de 75% (75/100) de bacteriúria significativa em mulheres grávidas. A bacteriúria significativa foi mais comum (100%) observada na faixa etária de 40-49 anos, seguida por 94,4% na faixa etária de 20-29 anos e 68% na faixa etária de 30-39 anos. *Klebsiella* spp. foi o uropatógeno mais comum

(39,1%) isolado, seguido por *E. coli* (28,2%), *S. aureus* (20,9%), *Proteus mirabilis* (10%), *Pseudomonas aeruginosa* e *Salmonella* spp. (0,9% cada).[63]

Jennifer et al. (2012) realizaram um estudo descritivo transversal para descobrir a prevalência de bacteriúria assintomática em 250 amostras de urina colhidas de mulheres grávidas e relataram uma taxa de prevalência de bacteriúria significativa em 3,6% dos casos. Os coliformes (66,6%) foram os organismos mais comuns, seguidos de *S. aureus* (22,22%) e *S. saprophyticus* (11,11%). Todos os isolados foram considerados sensíveis à norfloxacina e à nitrofurantoína. Um total de 44,44% dos isolados foi considerado resistente à ampicilina e 33,33% dos coliformes foram considerados resistentes à cefalexina e à cefuroxima.[64]

Ferede et al. (2012) realizaram um estudo transversal em 200 amostras de urina colhidas de mulheres grávidas para descobrir a prevalência de ITU sintomática e assintomática durante a gravidez. A taxa de prevalência de bacteriúria significativa foi de 15,9% nos casos sintomáticos e 0,2% nos assintomáticos. As bactérias gram-negativas foram mais prevalentes (58,3%) do que as bactérias gram-positivas (41,7%). A bacteriúria significativa foi mais frequente (12,5% cada) nos grupos etários dos 26-30 anos e dos 36-40 anos, seguida de 11,6% no grupo etário dos 16-20 anos, 9,7% no grupo etário dos 21-25 anos e 9,1% no grupo etário dos 31-35 anos. Também a prevalência de bacteriúria significativa foi mais comum no 2nd trimestre (15%), seguida de 11,1% no 3rd trimestre e não se registaram casos no 1st trimestre de gravidez. Na ITU sintomática, E. coli (50%) foi o uropatógeno mais comum isolado, seguido por CONS (40%) e *Enterobacter aerogenes* (10%). No entanto, nas ITU assintomáticas, a *E. coli* (35,7%) foi o uropatógeno mais comum isolado, seguida de *S. aureus* (28,6%), CONS e *Klebsiella pneumoniae* (14,3% cada), *Enterobacter aerogenes* (7,1%). O padrão de suscetibilidade antimicrobiana das bactérias isoladas mostrou que a ceftriaxona e a gentamicina (87,5% cada) foram os agentes antimicrobianos mais eficazes, seguidos da amoxiclavina (83,3%), da ciprofloxacina (75%), da norfloxacina (70,8%), do cloranfenicol (66,7%), do cotrimoxazol (50%), da tetraciclina (41,7%), da amoxicilina (20,8%) e da ampicilina (8,3%). A multirresistência (resistência a dois/mais fármacos) foi observada em 91,7% (22/24) dos agentes patogénicos bacterianos.[65]

Wamalwa et al. (2012) estudaram ITU sintomáticas e assintomáticas durante a gravidez. A taxa de prevalência global de bacteriúria significativa foi de 14,2% (4,2% em casos sintomáticos e 10% em casos assintomáticos). A bacteriúria significativa foi mais frequentemente observada no grupo etário dos 20-30 anos (86,5%), seguida de 10,8% no grupo etário < 20 anos e 2,7% no grupo etário > 30 anos. Além disso, a prevalência de bacteriúria significativa foi mais comum no 3rd trimestre (54,1%), seguida pelo 1st trimestre (29,7%) e 16,2% no 2nd trimestre da gravidez.[66]

Umar et al. (2012) registaram a prevalência de bacteriúria significativa em 10,4% (52/500) mulheres grávidas. A bacteriúria significativa foi mais comum (75%) na faixa etária de 35 anos ou mais, seguida por 15,78% na faixa etária de 31-35 anos, 9,85% na faixa etária de 21-25 anos, 9,64% na faixa etária de 26-30 anos e 7,86% na faixa etária de 18-20 anos. A bacteriúria significativa foi de 10,90% no 1st trimestre, 10,45% no 3rd trimestre e 10,10% no 2nd trimestre. *Klebsiella* spp. (25%) foi a bactéria mais comum isolada, seguida por *E. coli* (23,07%), *S. saprophyticus* (17,30%), *S. aureus* (13,46%), *Citrobacter* spp. (5,76%), *Pseudomonas spp.* e *Proteus* spp. *S. epidermidis* (3,84% cada), *Micrococcus* e *Enterococcus* (1,92% cada).[67]

Kerure et al. (2013) registaram a prevalência de bacteriúria significativa em 11% das mulheres grávidas. A bacteriúria significativa foi mais comumente (57%) observada na faixa etária de 26 a 35 anos, seguida por 30% na faixa etária de 18 a 25 anos e 12% na faixa etária de >36 anos. A prevalência de bacteriúria significativa em casos assintomáticos foi mais comum no 2nd trimestre (54,54%), seguida de 27,27% no 1st trimestre e 18,19% no 3rd trimestre da gravidez. A *E. coli* (72,72%) foi a bactéria mais frequentemente isolada, seguida de *S. aureus* (12,2%), *Klebsiella pneumoniae* (6,07%), *Acinetobacter, Proteus mirabilis* e *Citrobacter* spp. (3,03% cada). Neste estudo, 6,06% dos isolados eram resistentes à ampicilina, ao cotrimoxazol, à norfloxacina, à cefoperazona e à nitrofurantoína. A *E. coli* foi considerada sensível à cefuroxima e à ceftazidima e a *Klebsiella pneumoniae* sensível à amicacina.[68]

Shevade e Agarwal (2013) estudaram a resistência antimicrobiana em uropatógenos isolados de ITU adquiridas na comunidade e nosocomiais. Registaram um elevado nível de resistência aos antibióticos urinários prescritos por rotina, como a norfloxacina, o cotrimaxazol, a gentamicina, a amicacina, etc., em estirpes nosocomiais de *E. coli*, *Klebsiella, Pseudomonas, Citrobacter,* Proteus, etc. No entanto, o imipenem, o meropenem e a piperacilina-tazobactam (89,5% cada) foram considerados altamente eficazes contra quase todos os uropatogénios.[69]

Begum et al. (2013) registaram uma taxa de prevalência de *E.* coli em 18% de amostras de urina colhidas de doentes sintomáticos com idade inferior a 80 anos e processadas para deteção de bacteriúria significativa. Os isolados de *E. coli* no seu estudo foram considerados mais susceptíveis ao meropenem de 2008 a 2012 (100%), exceto em 2010 (98,58%), seguidos da amicacina (81,20%-100%) e do imipenem (78,66%-100%). O seu estudo não revelou alterações significativas do padrão de suscetibilidade deste agente patogénico à ciprofloxacina, cefradina, ceftriaxona, levofloxacina, cefuroxima e ácido nalidíxico; no entanto, verificou-se uma alteração significativa do valor de p (p<0,05) à amoxicilina, amoxiclav, cefixima, amicacina, ceftazidima e mecilinam entre 2008 e 2012. Foi observado um aumento na suscetibilidade de *E. coli* ao trimetoprim-sulfametoxazol de 2008 (41,76%) para 2012 (58,89%) (p <0,05).[70]

Sarsvathi e Aljabri (2013) relataram a prevalência de bacteriúria significativa em 7,5% das mulheres grávidas. *E. coli* (66,67%) foi o uropatógeno mais comum isolado, seguido por *Klebsiella* spp. (10,07%), *S. aureus* (11,11%) e *Proteus* spp. (5,55%). O estudo da sensibilidade antimicrobiana mostrou que a amicacina (80%) foi o agente antimicrobiano mais eficaz, seguida da gentamicina (75%), cefotaxima (60%), ciprofloxacina (50%), amoxiclav (46,66%), nitrofurantoína (40%) e norfloxacina (26,66%). A maioria dos isolados era resistente à ampicilina (100%) e ao co-trimoxazol (75%).[71]

Dash et al. (2013) registaram a prevalência de bacteriúria significativa em 11,5% das mulheres grávidas. A bacteriúria significativa foi mais comum (13%) observada na faixa etária de 31-40 anos, seguida por 11,2% na faixa etária de 20-30 anos. A prevalência de bacteriúria significativa foi mais comum nos 2nd e 3rd trimestres (14,3%), seguida de 7,1% no 1st trimestre. *E. coli* (54,5%) foi a bactéria mais comum isolada, seguida de *Enterococcus faecalis* (15,2%), *S. saprophyticus* (12,1%), *Klebsiella pneumoniae* e *Citrobacter freundii* (6,1% cada), *Proteus mirabilis* e *S. epidermidis* (3% cada). A nitrofurantoína foi o agente antimicrobiano mais eficaz contra bactérias gram-negativas e gram-positivas e apresentou uma taxa de resistência de apenas 3%. No entanto, a ciprofloxacina registou uma taxa de resistência de 30,3% e a amoxicilina-ácido clavulânico registou uma taxa de resistência de 36,4%. Foram observadas taxas de resistência mais elevadas

contra ampicilina, amoxicilina, norfloxacina e outros.[72]

Onoh et al. (2013) estudaram 252 casos sintomáticos de ITU em mulheres grávidas e relataram uma taxa de prevalência de bacteriúria significativa em 46,5% dos casos. A bacteriúria significativa foi mais comum (61,9%) na faixa etária de 20-29 anos, seguida por 32,9% na faixa etária de 30-39 anos, 3,6% na faixa etária <20 anos e 1,6% na faixa etária >40 anos. A prevalência de bacteriúria significativa foi mais comum no 3rd trimestre (52,4%), seguida de 34,1% no 2nd trimestre e 13,5% no 1st trimestre. A *E. coli* (50,8%) foi a bactéria mais comum isolada, seguida de *S. aureus* (20,6%), *P. mirabilis* (9,5%), *S. saprophyticus* (7,1%), *Streptococcus* spp. (5,6%), *Citrobacter* spp. (2%), *Klebsiella* spp. e *Enterobacter* spp. (1,6% cada) e *Pseudomonas* spp. (1,2%). A levofloxacina teve a sensibilidade global mais elevada de 92,5%, seguida de perto pela cefodoxima (87,3%), a ofloxacina, a ciprofloxacina e a ceftriaxona tiveram sensibilidades globais superiores a 60% mas inferiores a 80%. A gentamicina registou uma sensibilidade global de 50,8%. *A E. coli* apresentou uma sensibilidade de 93% à levofloxacina, 88,3% à cefodoxima, 76,6% à ofloxacina, 68% à ciprofloxacina e 62,5% à ceftriaxona.[73]

Musbau e Muhammad (2013) estudaram a prevalência de bacteriúria assintomática em mulheres grávidas e relataram uma taxa de prevalência de bacteriúria significativa em 43,3% dos casos. *E. coli* (36,9%) foi o uropatógeno mais comum isolado, seguido por *Staphylococcus* spp. (22,3%), *Klebsiella* spp. (20%), *Streptococcus* faecalis (11,5%), *Proteus* spp. (6,2%) e *Pseudomonas* spp. (3,1%).[74]

Noel et al. (2013) relataram a prevalência de bacteriúria significativa em 8,4% das gestantes. A bacteriúria significativa foi mais comum (3,2%) na faixa etária de 21-25 anos, seguida por 2,6% na faixa etária >31 anos, 1,6% na faixa etária de 26-30 anos e menos (1%) na faixa etária de 15-20 anos. A *E. coli* (50%) foi o uropatógeno mais comum, seguida de *S. saprophyticus* (15,4%), *Proteus vulgaris* (7,8%), *Citrobacter freundii, Serratia marcescens, Proteus mirabilis* (7,7% cada) e o menos comum (3,8%) foi a *Klebsiella pneumoniae*. O estudo da sensibilidade antimicrobiana mostrou que a gentamicina (76,9%) foi o agente antimicrobiano mais eficaz, seguida da nitrofurantoína (76,9%), da ciprofloxacina (65,4%) e do ácido nalidíxico (57,7%), da amoxicilina/ácido clavulânico (53,8%) e da cefuroxima (50%); no entanto, a amoxicilina (19,2%) e o co-trimoxazol (30,8%) foram os agentes antimicrobianos menos eficazes.[75]

Sau-Yee Fong et al. (2013) estudaram a prevalência de bacteriúria assintomática em mulheres grávidas e registaram uma taxa de prevalência de dois por cento de bacteriúria significativa. A bacteriúria significativa foi mais comum (15,4%) na faixa etária >40 anos, seguida por 11% na faixa etária de 31-35 anos, 10,2% na faixa etária de 36-40 anos, 9,8% na faixa etária de 21-25 anos, 9,2% na faixa etária de 26-30 anos e 7,7% na faixa etária de 16-20 anos. A prevalência de bacteriúria significativa foi mais comum (10,5%) no 1st trimestre, seguida de 8,4% no 2nd trimestre e 8,3% no 3rd trimestre. *E. coli* (33%) foi o uropatógeno mais comum isolado, seguido por *Streptococcus agalactiae* (21%), CONS, *Klebsiella* spp., *Lactobacillus* spp., *Streptococcus* alfa-hemolítico e *Streptococcus* não-hemolítico (6% cada), e *S. aureus, Acinetobacter* spp., *Streptococcus* beta-hemolítico, organismos *coliformes, Enterococcus* spp. (3% cada).[76]

Yadav et al. (2014) estudaram a prevalência de ITU assintomáticas em mulheres grávidas da zona rural e registaram uma taxa de prevalência de 6,29% de bacteriúria significativa em mulheres grávidas. A bacteriúria significativa foi mais comumente observada no 3rd trimestre. *E. coli* (47,05%) foi o organismo mais comum, seguido por CONS 26,47%, *S. aureus* 14,7%, *Klebsiella* spp. e *Citrobacter* spp. 5,88%. A gentamicina (100%) foi o agente antimicrobiano mais eficaz de todos os agentes antimicrobianos testados, seguida da nitrofurantoína (90%) e da ceftriaxona (80%), que foram considerados os agentes antimicrobianos mais eficazes contra os isolados de Gramnegativos. A ampicilina, a ciprofloxacina, a norfloxacina e o co-trimoxazol (35% cada) foram considerados agentes antimicrobianos menos eficazes contra os isolados Gram-negativos.[77]

Titoria et al. (2014) estudaram a prevalência de bacteriúria assintomática em mulheres grávidas e relataram uma taxa de prevalência de cinco por cento de bacteriúria significativa. A bacteriúria significativa foi mais comum no 2nd trimestre 65,9% seguido por 17,8% no 1st trimestre e 16,2% no 3rd trimestre. *E. coli* (60%) foi o uropatógeno mais comum isolado, seguido por *Klebsiella pnoumoniae* (22,5%), *S. aureus* e *Pseudomonas aeruginosa* (5%

cada), *Klebsiella oxytoca, Enterococcus faecalis, Proteus mirabilis* e *Acinetobacter baumannii* (2,5% cada).[78]

Srivastava et al. (2014) registaram a prevalência de bacteriúria significativa em 33,33% das mulheres grávidas. A bacteriúria significativa foi mais comum (80%) na faixa etária de 36 a 40 anos, seguida por 33,3% na faixa etária de 26 a 30 anos, 17,5% na faixa etária de 21 a 25 anos e 11,4% na faixa etária de 31 a 35 anos. A *E. coli* (46%) foi o agente uropatogénico mais frequentemente isolado, seguida da *Klebsiella* spp. (22%), *S. aureus* (20%), *Pseudomonas aeruginosa* (8%) e cultura mista (4%).[79]

Akobi et al. (2014) registaram uma bacteriúria significativa em 46,1% das mulheres grávidas. A bacteriúria significativa foi mais comum (53,1%) na faixa etária de 20-24 anos, seguida por 53% na faixa etária de 35-39 anos, 45,4% na faixa etária de 25-29 anos, 43,5% na faixa etária de 30-34 anos, 42,1% na faixa etária de 40-44 anos, 40% na faixa etária de 45-49 anos e 20% na faixa etária de 15-19 anos. *E. coli* (60%) foi o uropatógeno mais comum, seguido por *S. aureus* (28,3%), *Candida albicans* (8%), *Pseudomonas* aeruginosa (1,7%), *Klebsiella pneumoniae* (1%), *Serratia marcescens* (0,7%) e *Proteus mirabilis* (0,3%). Verificou-se que a *E. coli*, o agente uropatogénico mais comum isolado, era altamente suscetível à nitrofurantoína (61,4%) e à gentamicina (51,5%) e menos suscetível ao cotrimoxazol (15,8%), seguida da cefuroxima (14%) e da ampicilina (2,3%).[80]

Onuoha e Fatoqokul (2014) estudaram a prevalência de ITUs entre mulheres grávidas e relataram bacteriúria significativa em 55% dos casos. A bacteriúria significativa foi mais comum (38,1%) na faixa etária de 27 a 32 anos, seguida por 27,3% na faixa etária de 21 a 26 anos, 23,6% de 15 a 20 anos, 9,1% de 32 a 38 anos e 1,8% na faixa etária > 38 anos. *E. coli* (50%) foi o organismo causador mais comum, seguido de *Klebsiella pneumoniae* (22,7%), *S.aureus* (17,3%), *Proteus mirabilis* (5,5%), *Pseudomonas aeruginosa* (2,7%) e *Enterococcus faecalis* (1,8%). A *E. coli* foi considerada suscetível aos aminoglicosídeos -

ciprofloxacina (45,5%) e gentamicina (36,4%). No entanto, todos os isolados de *E. coli* foram considerados resistentes ao ácido nalidíxico, ao co-trimoxazol e à cefalexina.[81]

Sabharwal (2014) estudou a prevalência de bacteriúria significativa em 24% das mulheres grávidas. A taxa de prevalência global de bacteriúria significativa foi de 24% (25% em casos sintomáticos e 75% em casos assintomáticos). A bacteriúria significativa, tanto em casos sintomáticos como assintomáticos, foi mais comum (59%) no 1st trimestre, seguida de 38% no 3rd trimestre e 3% no 2nd trimestre. *E. coli* (63,3%) foi o uropatógeno mais comum, seguido por CONS (15%), *Klebsiella* spp. e *S. aureus* (8,3% cada), *Proteus* spp. (3,4%) e *Pseudomonas* spp. (1,7%). Foi observada uma resistência significativamente mais elevada aos antimicrobianos do grupo dos beta-lactâmicos, às fluoroquinolonas e ao co-trimoxazol, tanto nos bacilos gram-negativos como nos cocos gram-positivos. A resistência foi bastante baixa contra os aminoglicosídeos (amicacina - zero, gentamicina - 15%) e a nitrofurantoína (10%) e praticamente inexistente contra o imipenem.[82]

Ojide et al. (2014) relataram bacteriúria assintomática em 28 (10,6%) das 265 amostras de urina coletadas de mulheres grávidas. *E. coli* (46,4%), espécies de *Proteus* (14,3%), *Enterococcus faecalis* (10,7%) e *Staphylococcus aureus* (10,7%) foram os uropatógenos isolados. Imipenem (100%), gentamicina (83,5%), cotrimaxazol (81%), nitrofurantoína (79,5%), ciprofloxacina (62,9%) e ceftazidima (62,8%).[83]

Senthinath et al. (2013) relataram a prevalência de bacteriúria significativa em 13% das mulheres grávidas no grupo assintomático de um hospital rural de cuidados terciários. A bacteriúria significativa foi mais comumente observada (53,8%) na faixa etária >30 anos, seguida por (30,7%) na faixa etária de 20-29 anos e (15,4%) na faixa etária <20 anos. A prevalência de bacteriúria significativa foi mais comum no 2nd trimestre (13,04%), seguida por 12,09% no 1st trimestre e

12,74% no 3rd trimestre de gravidez. A E. coli (69,23%) foi a bactéria mais comum isolada, seguida de S. *saprophyticus* (15,38%) e *Enterobacter* spp. (7,69%) e, num caso (7,69%), a

infeção era polimicrobiana, com *Citrobacter* e *E. coli* em números significativos.[84]

CAPÍTULO 4

MATERIAIS E MÉTODOS

O estudo foi realizado entre novembro de 2012 e outubro de 2014 e inclui dois grupos: grupo sintomático e grupo assintomático. Um total de 200 amostras clínicas de urina de jato médio (100 de assintomáticos e 100 de sintomáticos) dos pacientes ANC admitidos e / ou atendidos em departamentos ambulatoriais de Obstetrícia e Ginecologia.

4.1. Contexto do estudo

O presente estudo foi realizado num hospital de cuidados terciários numa zona rural.

4.2. Conceção do estudo

Estudo de caso-controlo

4.3. Período de estudo

novembro de 2012 a outubro de 2014 (dois anos)

4.4. Dimensão da amostra

O programa gratuito G* power versão 3.1.9 foi utilizado para o cálculo da dimensão da amostra. A dimensão da amostra de 200 foi considerada suficiente para este estudo.

> [1] -- *Friday, October 31, 2014 -- 12:01:09*
> **χ² tests** - Goodness-of-fit tests: Contingency tables
> **Analysis:** Post hoc: Compute achieved power
> **Input:**   Effect size w   = 1.0400048
>   α err prob   = 0.05
>   Total sample size   = 200
>   Df   = 5
> **Output:** Noncentrality parameter λ = 216.322
>   Critical χ^2 = 11.0704977
>   Power (1-β err prob)   = 1.0000000
> ___Note_ –Original, software outputs.__

Foi recolhido um total de 200 amostras de urina de mulheres que frequentaram a clínica pré-natal durante o período de novembro de 2012 a abril de 2014. Foram incluídos indivíduos com idades compreendidas entre os 18 e os 41 anos, de gravidezes variadas e de todos os três trimestres. Para este estudo, foram colhidas amostras de urina a meio do jato de dois grupos: 100 de casos assintomáticos e 100 de casos sintomáticos.

4.5. COLHEITA E TRANSPORTE DE URINA

Foi colhida urina limpa a meio do jato, cerca de 20 ml, num recipiente universal esterilizado.

Para uma recolha adequada da urina a meio do jato e para evitar a contaminação, cada doente foi instruída para limpar a área peri-uretral e o períneo com dois/três pensos de gaze saturados com água e sabão, fazendo movimentos de trás para a frente, seguidos de um enxaguamento com soro fisiológico esterilizado ou água para remover o detergente. Com os lábios afastados a meio do jato, a urina foi recolhida num recipiente esterilizado, após a primeira porção de urina ter sido eliminada.

Foram documentadas informações relativas à idade, paridade, data do último período menstrual, ITU no passado, história de diabetes mellitus e hipertensão concomitantes. As amostras de urina foram transportadas para o laboratório de microbiologia no prazo de 30 minutos após a colheita. Em caso de atraso, a amostra foi refrigerada a 4^0 C durante 24 horas. O processamento posterior foi efectuado no Laboratório de Microbiologia.

4.6. INOCULAÇÃO E INCUBAÇÃO

Os espécimes foram inoculados através da técnica de ansa padrão em sangue Agar e ágar Mac-conkey da seguinte forma:

4.6.1. Método

Uma ansa calibrada (com um diâmetro interno de três mm, fornecendo 0,001 ml de urina) foi esterilizada por chama e deixada arrefecer sem tocar em qualquer superfície. A urina foi bem misturada e a ansa foi inserida verticalmente na urina para permitir que a urina aderisse à ansa. Espalhou-se uma pequena quantidade de urina sem flamejar/entrar de novo na urina, fez-se um poço circular e fez-se o estriamento primário e secundário para cobrir toda a superfície da placa.

As placas foram incubadas a 37^0 C durante 18 - 24 horas na incubadora. Após a incubação, as colónias foram contadas em cada placa e o número de bactérias presentes na urina foi calculado multiplicando o número de colónias por 1000. As amostras de urina com contagens >10^5 CFU/ml foram consideradas como bacteriúria significativa.

4.7. IDENTIFICAÇÃO

O ágar sangue e o ágar MacConkey após incubação nocturna foram examinados quanto ao crescimento bacteriano. A morfologia de cada tipo diferente de colónia foi anotada e cada colónia foi estudada quanto à reação de Gram e à morfologia da colónia (figuras 4.1 e 4.2).

Cada colónia foi processada para identificação. Para tal, a colónia de bactérias Gram positivas foi inoculada em caldo de glucose e a de bactérias Gram negativas em água peptonada e incubada a 37^0 C durante quatro horas.

A cultura em caldo de glucose ou em água peptonada de cada colónia representativa foi utilizada para estudar as reacções de fermentação de açúcares (fermentação de glucose, lactose, sacarose, manitol e fermentação de

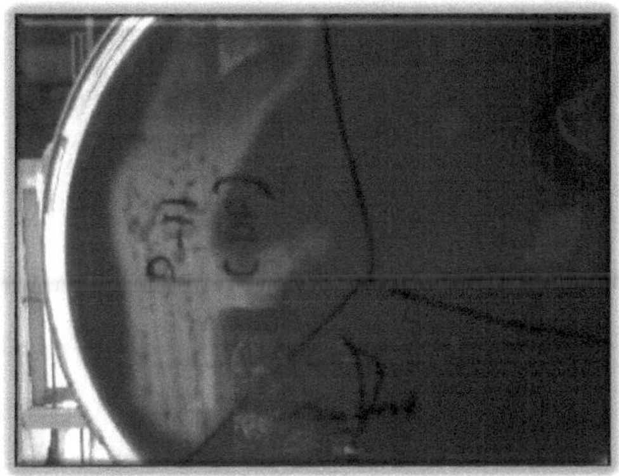

Fig 4.1: Colónias de *S. aureus* em ágar sangue mostrando β-hemólise (isolado do grupo assintomático)

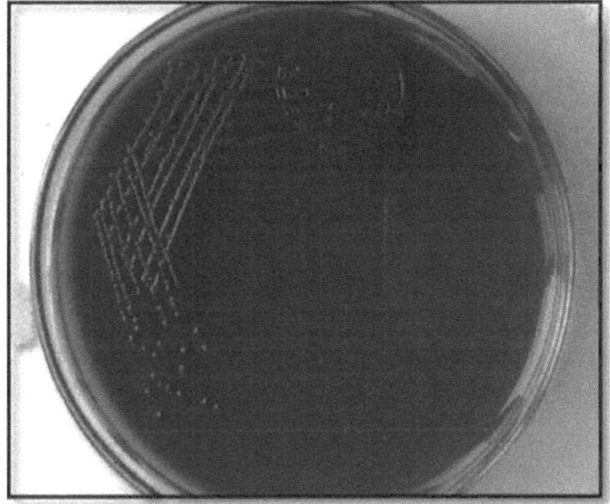

Fig 4.2: Ágar Mac Conkey mostrando mucoide fermentador de lactose

colónias de *Klebsiella* spp. (isoladas do grupo sintomático) manitol em cocos Gram positivos) e outras reacções bioquímicas, tais como a produção de indol, o teste do vermelho de metilo, o teste de Voges-Proskauer, a utilização de citrato, a produção de urease, a produção de sulfureto de hidrogénio, o teste da catalase e da oxidase. O teste da coagulase em tubo foi efectuado para confirmação de *S. aureus*. Os resultados das reacções bioquímicas foram registados em pormenor, em cada caso. O isolado foi então identificado tendo em conta a sua reação de Gram, morfologia, caracteres da colónia e reacções bioquímicas, utilizando os procedimentos padrão.[85]

Cada colónia foi processada posteriormente para testes de suscetibilidade antimicrobiana.

4.8. TESTE DE SUSCEPTIBILIDADE ANTIMICROBIANA

O padrão de suscetibilidade antimicrobiana de cada isolado foi estudado pelo método de difusão em disco de Kirby-Bauer.[86] Foram utilizadas placas de ágar Muller Hinton para o teste de suscetibilidade antimicrobiana. Antes de serem utilizadas, as placas foram secas durante 1030 minutos a 37⁰ C, colocando-as numa posição vertical na incubadora. Após a secagem das placas, foi efectuada uma suspensão do organismo e ajustada ao padrão Mc Farland 0,5 para obter um tamanho de inóculo padrão. Em cada caso de menor turvação, os tubos foram novamente incubados até se obter a turvação desejada e, no caso de caldo mais turvo, adicionou-se água peptonada plana/caldo de glucose para o fazer corresponder ao padrão Mc Farland 0,5. Depois de obter a turvação desejada, foi feita uma cultura de relva sobre a superfície do meio utilizando uma zaragatoa estéril e, em seguida, foram colocados discos de antibióticos adequados e incubados a 37° C durante 24 horas, após o que foram efectuadas leituras. O organismo foi classificado como suscetível ou resistente de acordo com as directrizes dos institutos de normas clínicas e laboratoriais (CLSI).[87] Os discos de agentes antimicrobianos utilizados e as suas concentrações são apresentados na tabela n.º 4.1. 4.1.

Tabela No. 4.1: Os agentes antimicrobianos utilizados e as suas concentrações

Agentes antimicrobianos	Concentração do disco em µg
Amicacina	30

Ceftazidima	30
Gentamicina	30
Ciprofloxacina	5
Tetraciclina	30
Nitrofurantoína	300
Norfloxacina	10
Ácido nalidíxico	30
Imepenam	10
Meropenam	10
Cefoxitina	30

O ácido nalidíxico e a nitrofurantoína foram utilizados apenas contra bactérias gram-negativas. No entanto, a cefoxitina e a tetraciclina foram utilizadas apenas contra bactérias grampositivas.

4.5. Análise estatística

Os dados do estudo foram avaliados com recurso ao software R. 3.1. A análise foi efectuada utilizando o teste do Qui-quadrado de independência, o teste do Qui-quadrado de adequação e o teste de proporção.

<h1 style="text-align:center">CAPÍTULO 5</h1>

RESULTADOS

Os resultados são apresentados sob a forma de tabelas e figuras em função dos diferentes grupos clínicos (grupo assintomático e grupo sintomático) e dos diferentes critérios estudados.

Tabela 5.1: **Distribuição por grupos etários dos casos de bacteriúria significativa no grupo assintomático**

Sr. No.	Age group in years	No. of cases positive for significant bacteriuria
1	18-25 years	21 (91.30%)
2	26-33 years	2 (8.70%)
3	34-41 years	0 (0%)
	Total	23 (100%)

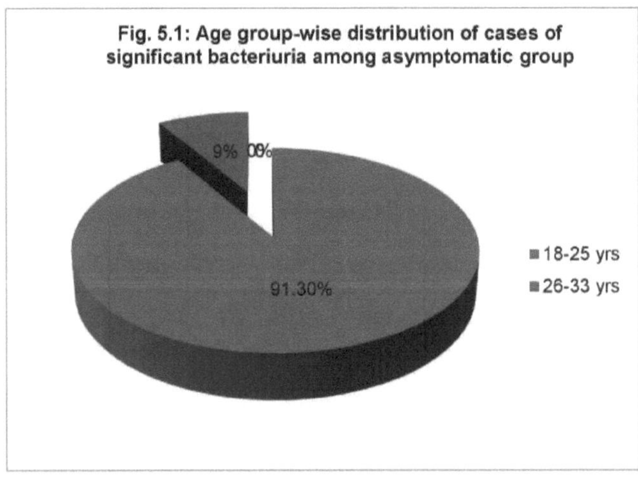

No presente estudo, dos 100 casos assintomáticos, 23 casos (23%) foram considerados positivos para bacteriúria significativa. Dos 23 casos positivos do grupo assintomático, 21 (91,30%) pertenciam ao grupo etário mais jovem, ou seja, 18-25 anos, e dois casos (8,70%) pertenciam ao grupo etário dos 26-33 anos (Tabela 5.1 e Fig. 5.1).

A ocorrência de bacteriúria significativa no grupo etário mais jovem (18-25 anos) foi significativamente mais elevada no teste binomial exato (Caixa de texto 5.1).

Caixa de texto 5.1: Saída R para o teste binomial para a proporção de ocorrência no grupo assintomático

```
>binom.test(23,100,p=.05)

        Exact binomial test

data:  23 and 100
number of successes = 23, number of trials = 100, p-value =
6.856e-10
alternative hypothesis: true probability of success is not
equal to 0.05
95 percent confidence interval:
 0.1517316 0.3248587
sample estimates:
probability of success
               0.23
```

Power analysis for Z–test of two proportions.

[3] -- *Saturday, October 18, 2014 -- 11:59:08*

z tests – Proportions: Difference between two independent proportions

Analysis:	Post hoc: Compute achieved power	
Input:	Tail(s)	= Two
	Proportion p2	= 0.05
	Proportion p1	= 0.23
	α err prob	= 0.05
	Sample size group 1	= 100
	Sample size group 2	= 100
Output:	Critical z	= -1.9599640
	Power (1 –β err prob)	= 0.9615274

Note -Orignal, software outputs.

Tabela 5.2: Distribuição por grupos etários dos casos de doença significativa

bacteriúria no grupo sintomático

Sr. No.	Age group in years	No. of cases positive for significant bacteriuria
1	18-25 years	31 (62%)
2	26-33 years	17(34%)
3	34-41 years	2 (4%)
	Total	**50 (100%)**

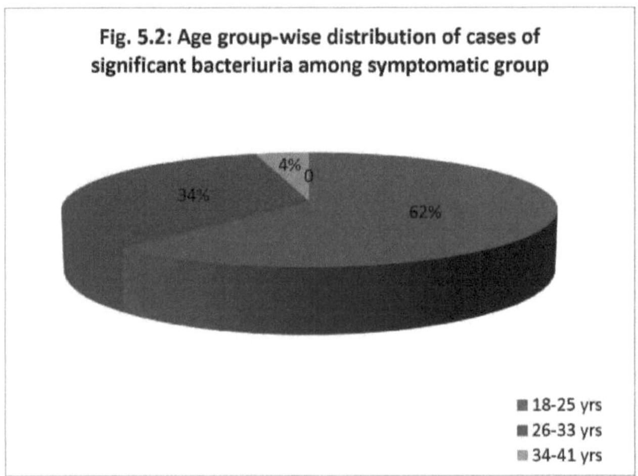

Dos 100 casos sintomáticos, um total de 50 casos (50%) foram considerados positivos

para bacteriúria significativa. Entre os casos sintomáticos de ITU, a bacteriúria significativa

foi mais comum no grupo etário dos 18-25 anos (62%), seguido do grupo etário dos 26-33

anos (34%) e dos 34-41 anos (4%) (Quadro 5.2 e Fig. 5.2).

Esta taxa de prevalência foi considerada insignificante no teste binomial exato (caixa de texto 5.2).

Caixa de texto 5.2: Saída R para o teste binomial para a proporção de ocorrência no grupo sintomático

```
> binom.test(50,100,p=.5)

        Exact binomial test

data:  50 and 100
number of successes = 50, number of trials = 100, p-value = 1
alternative hypothesis: true probability of success is not
equal to 0.5
95 percent confidence interval:
 0.3983211 0.6016789
sample estimates:
probability of success
                  0.5
```

A taxa de prevalência de bacteriúria significativa foi mais elevada no grupo sintomático (50%) do que no grupo assintomático (23%) (p=0,02196) (Tabelas 5.1 e 5.2). Este valor de p é inferior a 0,05, pelo que o teste é estatisticamente significativo (Caixa de texto 5.3).

Caixa de texto 5.3: Teste do qui-quadrado para determinar a associação entre a idade e os sintomas

```
> tab

Age in years          Asymptomatic          Symptomatic

18-25                 21                    31

26-33                 02                    19


> chisq.test(tab)

        Pearson's Chi-squared test with Yates' continuity correction

data:  tab
X-squared = 5.2492, df = 1, p-value = 0.02196

Power analysis for 2x2 table for χ²-test

[1] -- Friday, October 31, 2014 -- 12:01:09
χ² tests - Goodness-of-fit tests: Contingency tables
Analysis: Post hoc: Compute achieved power
Input:     Effect size w            = 1.0400048
           α err prob               = 0.05
           Total sample size        = 200
           Df                       = 5
Output:    Noncentrality parameter λ = 216.322
           Critical χ²              = 11.0704977
```

Nos casos assintomáticos de ITU, verificou-se que a bacteriúria significativa era mais comum durante o 2nd trimestre (47,82%), seguida do 3rd trimestre (39,13%) e do 1st trimestre (13,04%) (Tabela 5.3 e Fig. 5.3)

Tabela 5.4: Distribuição trimestral da bacteriúria significativa no grupo sintomático

Sr. No.	Trimester	No. of cases positive for significant bacteriuria
1	1st	16 (32%)
2	2nd	21 (42%)
3	3rd	13 (26%)
	Total	**50 (100%)**

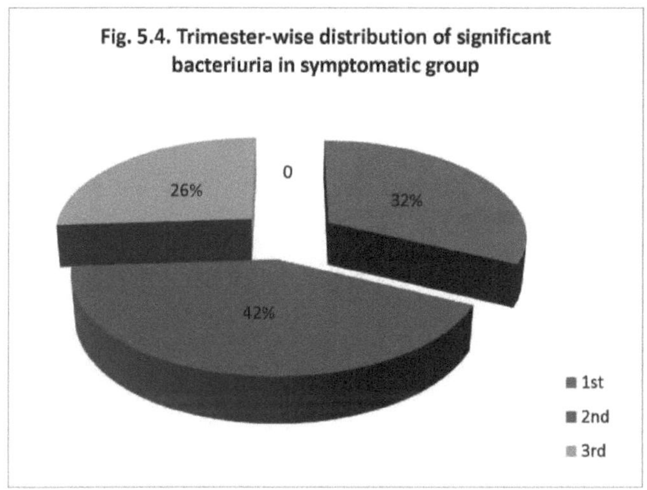

Nos casos sintomáticos de ITU, verificou-se que a bacteriúria significativa era mais comum durante o 2nd trimestre (42%), seguida do 1st trimestre (32%) e do 3rd trimestre (26%) (Tabela 5.4 e Fig. 5.4).

Caixa de texto 5.4: Teste de qui-quadrado para descobrir a associação entre trimestre e bacteriúria significativa

```
> tab

Trimester          Asymptomatic        Symptomatic

1st                03                  16

2nd                11                  21

3rd                09                  13


>  chisq.test(tab)

        Pearson's Chi-squared test

data:  tab
X-squared = 3.1982, df = 2, p-value = 0.2021

Power analysis for 3x2 table for  χ²-test
[2] -- Friday, October 31, 2014 -- 12:07:37
χ² tests - Goodness-of-fit tests: Contingency tables
Analysis: Post hoc: Compute achieved power
Input:     Effect size w          = 0.5715404
           α err prob             = 0.05
           Total sample size      = 200
           Df                     = 5
```

Quando os grupos assintomático e sintomático foram comparados relativamente à distribuição trimestral dos casos de bacteriúria significativa, verificou-se que a bacteriúria significativa era mais comum durante o 2nd trimestre em ambos os grupos (valor de p = 0,2021) (Tabela 5.3 e 5.4). Este valor de p não é estatisticamente significativo, indicando que a ocorrência de sintomas de IU não depende do trimestre (Caixa de texto 5.4).

Tabela 5.5: Padrão de uropatógenos isolados de casos do grupo assintomático

Sr. No.	Name of uropathogen	No. of isolates
1	*Staphylococcus aureus*	19 (82.60%)
2	*Klebsiella* spp.	3 (13.04%)
3	*Micrococci*	1 (4.35%)
	Total	**23 (100%)**

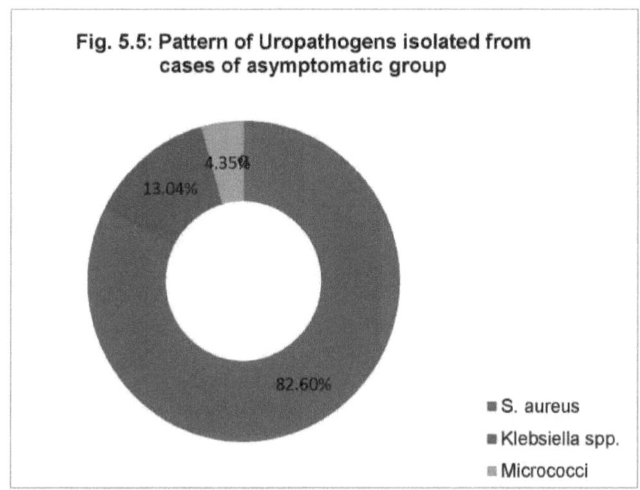

Fig. 5.5: Pattern of Uropathogens isolated from cases of asymptomatic group

No grupo assintomático, *S. aureus* (82,60%) foi o uropatógeno mais comum isolado, seguido por *Klebsiella* spp. (13,04%) e Micrococci (4,35%) (Tabela 5.5 e Fig.5.5). Esta distribuição de uropatogénios foi considerada estatisticamente significativa *(X-quadrado = 25,3912, df = 2, p-valor = 3,065e-06)* (Caixa de texto 5.5).

Caixa de texto 5.5: Teste do qui-quadrado para determinar se a distribuição era uniforme ou não para os uropatogéneos no grupo assintomático

```
> chisq.test(table(as.uropath),p=exp)

        Chi-squared test for given probabilities

data:  table(as.uropath)
X-squared = 25.3912, df = 2, p-value = 3.065e-06

> residuals(chisq.test(table(as.uropath),p=exp))
as.uropath
    Klebsiella spp.        Micrococci      Staphylococcus aureus
       -1.685400          -2.407715           4.093109
```

Tabela 5.6: Padrão de uropatógenos isolados de casos do grupo sintomático

Sr. No.	Name of uropathogen	No. of isolates
1	*E. coli*	16 (32%)
2	*Klebsiella* spp.	16 (32%)
3	*S. aureus*	16 (32%)
4	*Citrobacter* spp	2 (4%)
	Total	**50 (100%)**

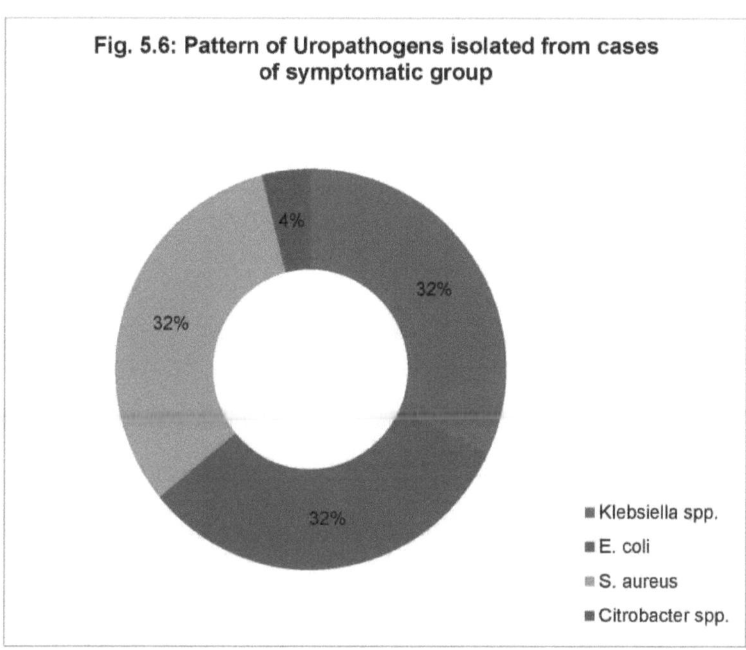

Fig. 5.6: Pattern of Uropathogens isolated from cases of symptomatic group

Dos casos sintomáticos de ITU, *E. coli, Klebsiella* spp. e *S. aureus* (32% cada) foram os uropatogénios mais frequentemente isolados. *Citrobacter* spp. foi isolado em dois casos (4%) (Tabela 5.6 e Fig. 5.6). Entre todos os isolados do grupo sintomático, a ocorrência de *Citrobacter* spp. foi significativamente menor *(X-quadrado = 11,76, df = 3, p-valor = 0,008252)* (Caixa de texto 5.6).

Caixa de texto 5.6: Teste do qui-quadrado para determinar se a distribuição era uniforme ou não para os uropatogéneos no grupo sintomático

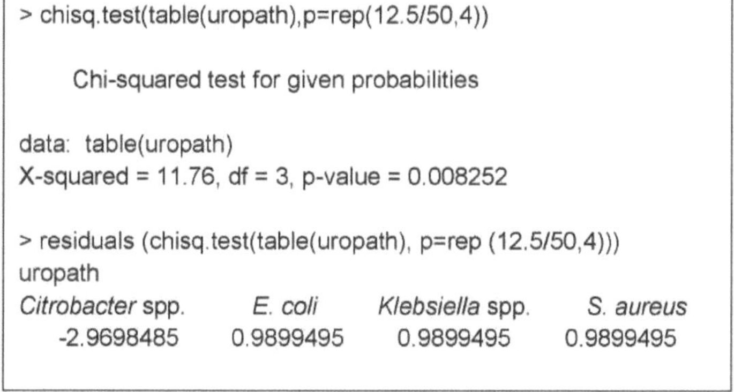

```
> chisq.test(table(uropath),p=rep(12.5/50,4))

        Chi-squared test for given probabilities

data:  table(uropath)
X-squared = 11.76, df = 3, p-value = 0.008252

> residuals (chisq.test(table(uropath), p=rep (12.5/50,4)))
uropath
Citrobacter spp.      E. coli     Klebsiella spp.     S. aureus
   -2.9698485       0.9899495       0.9899495        0.9899495
```

Tabela 5.7: Antibiograma dos uropatógenos isolados do grupo assintomático

Sr. No.	Name of the organism	No. of isolates	Antimicrobial agents (No. and percentage)										
			AK	NIT	NOR	NA	G	CIP	CN	T	I	MR	CAZ
1	S. aure	19	12 (63.15)	-	10 (52.63)	-	14 (73.68)	10 (52.63)	2 (10.52)	9 (47.36)	15 (78.94)	15 (78.94)	7 (36.84)
2	Klebsiella spp.	3	2 (66.66)	3 (100)	1 (33.33)	2 (66.66)	2 (66.66)	1 (33.33)	-	-	3 (100)	3 (100)	1 (33.33)
3	Micrococci	1	1 (100)	-	00	-	1 (100)	00	00	1 (100)	1 (100)	1 (100)	1 (100)
	Total	23	15 (65.21)	3/3 (100)	11 (47.82)	2/3 (66.66)	17 (73.91)	11 (47.82)	2/20 (10.00)	10/20 (50.00)	19 (82.60)	19 (82.60)	9 (39.13)

Nota: Os números entre parênteses indicam a percentagem

Fig. 5.7:   Antibiograma de uropatógenos isolados de casos assintomáticos de ITU

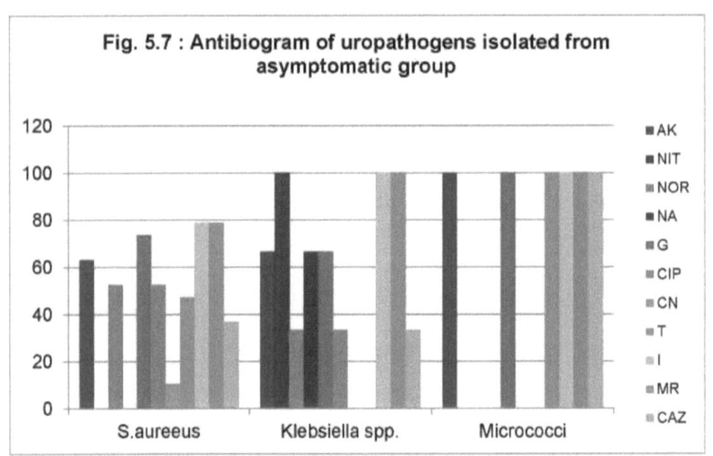

Os resultados dos testes de suscetibilidade antimicrobiana mostraram que o imipenem e o meropenem (82,60% cada) foram os agentes antimicrobianos mais eficazes, seguidos da gentamicina (73,91%), do ácido nalidíxico (66,66%) e da amicacina (65,21%). A ceftazidima (39,13%), a ciprofloxacina e a norfloxacina (47,82% cada) foram consideradas agentes antimicrobianos menos eficazes. O S. aureus isolado de casos assintomáticos foi considerado mais suscetível ao imipenem e ao meropenem (78,94% cada), seguido da gentamicina (73,68%) e da amicacina (63,15%). *As Klebsiella* spp. isoladas de casos assintomáticos foram consideradas susceptíveis ao imipenem, ao meropenem e à nitrofurantoína (100% cada), seguidas da amicacina, do ácido nalidíxico e da gentamicina (66,66% cada). Contudo, verificou-se que um isolado de micrococcus era suscetível à amicacina, gentamicina, tetraciclina, imipenem, meropenem e ceftazidima. (Quadro 5.7 e Fig. n.º 5.7).

Fig. 5.8:   Antibiograma dos uropatógenos isolados do grupo sintomático

Sr. N.	Name of the organism	No. of isolates	Antimicrobial agents (No. and percentage)										
			AK	NIT	NOR	NA	G	CIP	CN	T	–	MR	CAZ
1	S. aureus	16	15 (93.75)	-	11 (68.75)	-	12 (75)	08 (50)	05 (31.25)	06 (37.50)	16 (100)	16 (100)	10 (62.50)
2	Klebsiella spp.	16	08 (50)	12 (75)	09 (56.25)	07 (43.75)	07 (43.75)	02 (12.50)	-	-	14 (87.50)	14 (87.50)	03 (18.75)
3	E. coli	16	10 (62.50)	15 (93.75)	09 (56.25)	08 (50)	06 (37.50)	03 (18.75)	-	-	10 (62.50)	10 (62.50)	02 (12.50)
4	Citrobacter spp.	2	01 (50)	01 (50)	0 (0)	0 (0)	01 (50)	0 (0)	-	-	01 (50)	01 (50)	0 (0)
	Total	50	34 (68.00)	18/34 (52.94)	29 (58.00)	15/34 (44.11)	26 (52.00)	13 (26.00)	5/16 (31.25)	6/16 (37.50)	41 (82.00)	41 (82.00)	15 (30.00)

Nota - Os números entre parênteses indicam a percentagem

Fig. 5.8: Antibiograma dos uropatogénios isolados do grupo sintomático

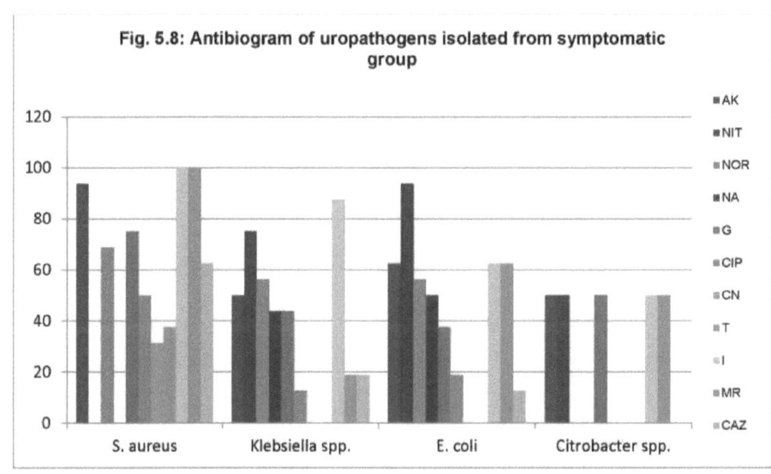

Os resultados dos testes de suscetibilidade antimicrobiana mostraram que o imipenem e o meropenem (82% cada) e a amicacina (68%) foram os agentes antimicrobianos mais eficazes contra os uropatogénios isolados de casos sintomáticos. A norfloxacina (58%) e a gentamicina (52%) foram os outros agentes eficazes. A nitrofurantoína (52,94%) e o ácido nalidíxico (44,11%) foram eficazes contra isolados de bactérias gram-negativas. A ciprofloxacina (26%) e a ceftazidima (30%) foram considerados agentes antimicrobianos menos eficazes contra os uropatogénios isolados de casos sintomáticos. Imepenam e meropenam (100%) e amicacina (93,75%) foram os agentes antimicrobianos mais eficazes contra *S. aureus* isolado de casos sintomáticos. A gentamicina (75%), a norfloxacina (68,75%), a ceftazidima (62,50%) e a ciprofloxacina (50%) foram outros agentes antimicrobianos eficazes contra *S. aureus isolado de casos* sintomáticos. No entanto, a nitrofurantoína (93,75%), seguida do imipenam, meropenem e amicacina (62,5% cada), foram considerados eficazes contra a *E. coli isolada de casos* sintomáticos. Por outro lado, o imipenem e o meropenem (87,5% cada) foram os agentes antimicrobianos mais eficazes contra a *Klebsiella* spp. isolada dos casos sintomáticos, seguidos da nitrofurantoína (75%), da norfloxacina (56,25%) e da amicacina (50%). Um isolado (50%) de *Citrobacter* spp. isolado dos casos sintomáticos foi considerado suscetível à amicacina, nitrofurantoína, gentamicina, imipenem e meropenem (Quadro 5.8 e Fig. n.º 5.8).

CAPÍTULO 6

DISCUSSÃO

A gravidez é um estado único com alterações anatómicas e fisiológicas que predispõem a ITU. Embora a bacteriúria assintomática em mulheres não grávidas seja geralmente benigna, é uma causa comum de morbilidade materna e perinatal grave, incluindo o desenvolvimento de pielonefrite, trabalho de parto prematuro, BPN, nados-mortos, aborto e desenvolvimento intrauterino prejudicado em mulheres grávidas. Por conseguinte, o rastreio da bacteriúria assintomática na gravidez e o seu tratamento adequado com base nos resultados da cultura tornaram-se uma parte dos cuidados obstétricos normais para evitar mais morbilidade ao evitar a bacteriúria persistente. Assim, as investigações adequadas são muito importantes para iniciar uma terapia adequada nas mulheres grávidas, a fim de evitar mais morbilidade e complicações graves que põem a vida em risco, não só nas mulheres grávidas mas também no feto.

O presente estudo foi realizado com o objetivo de avaliar a prevalência de ITU em mulheres grávidas assintomáticas e sintomáticas e de analisar os agentes antimicrobianos que podem ser utilizados para efeitos de tratamento. Foi estudado um total de 200 amostras de urina a meio do jato (100 do grupo assintomático e 100 do grupo sintomático) do grupo etário 18-41 anos e dos três trimestres de gravidez para determinar a prevalência de bacteriúria significativa, a distribuição da bacteriúria significativa em função da idade e do trimestre, e para descobrir os agentes causadores e o seu padrão de suscetibilidade.

Os resultados do presente estudo foram comparados com estudos anteriores relevantes e discutidos em seguida.

O quadro 5.1　mostra a prevalência global e a distribuição por idades da bacteriúria significativa no grupo assintomático. Dos 100 casos estudados do grupo assintomático, 23 (23%) apresentaram bacteriúria significativa e, dos 23 casos positivos, 21 (91,30%) pertenciam ao grupo etário dos 18-25 anos e apenas dois casos (8,70%) pertenciam ao grupo etário dos 26-33 anos.

Vários autores estudaram a prevalência de bacteriúria assintomática em mulheres grávidas e relataram taxas de prevalência na faixa de 0,2% a 75%.[36,37,39,41,45,48,49,52-54,56-59,61,62,64-66,68,74,76-78,82]

Rahimkhani et al. (2007) registaram uma taxa de prevalência de ASB em 29,1% das mulheres grávidas.[39] No entanto, Oli et al. (2010) encontraram bacteriúria significativa em 18,21% dos casos[52] e Kehinde et al. (2011) relataram a prevalência de bacteriúria significativa em 28,8% dos casos.[54]

Ansari e Rajkumari (2011) encontraram uma taxa de prevalência de bacteriúria significativa em 16,8% dos casos assintomáticos.[57] No entanto, Sharma et al. (2012) observaram uma taxa de prevalência de bacteriúria significativa em 26% das mulheres grávidas.[59]

Os resultados do presente estudo sobre a taxa de prevalência de bacteriúria significativa de 23% em mulheres grávidas assintomáticas são mais ou menos semelhantes às observações destes trabalhadores, que registaram taxas de prevalência na ordem dos 16,8% a 29,1%.

Foram registadas taxas muito mais baixas de prevalência de bacteriúria significativa no grupo assintomático por Abdullah et al. (2005) (4,8%),[36] Khattak et al. (2006) (6,2%),[37] Enayat et al. (2008) (8,9%),[41] Moghadas e Irajian

(2009)(3,3%),[45] Sibiani (2010) (1,7%),[48] Andabati e Byamugisha (2010) (13,1%),[49] Saeed e Tariq (2011) (13,7%),[58] Obirikorang et al. (2012) (9,5%),[62] Jennifer et al. (2012) (3,6%),[64] Ferede et al. (2012) (0,2%),[65] Wamalwa et al. (2012) (10%),[66] Sau-Yee Fong et al. (2013) (2%),[76] Yadav et al. (2014) (6,29%)[77] e Titoria et al. (2014) (5%).[78]

A taxa de prevalência de bacteriúria significativa de 23% em mulheres grávidas assintomáticas no presente estudo não está de acordo com estes relatórios anteriores e é comparativamente mais elevada do que as taxas de prevalência no intervalo de 0,2% a 13,7% relatadas por estes trabalhadores.

Em contraste com os estudos acima referidos, que registam taxas de prevalência muito mais baixas de bacteriúria significativa em mulheres grávidas assintomáticas, foram registadas taxas muito mais elevadas noutros estudos anteriores.

Taxas muio elevadas de bacteriúria significativa foram registadas por Rizvi *et al.* (2011) (74,8%),[53] Senani (2011) (35,2%),[56] Boye *et al.* (2012) (56,5%),[61] Musbau e Muhammad (2013) (43,3%)[74] e Sabharwal (2014) (75%).[82] Estas taxas de prevalência são muito mais elevadas do que as taxas de prevalência de 23% no presente estudo e, por conseguinte, este resultado não está de acordo com estes relatórios anteriores.

Esta grande diferença nas taxas de prevalência de bacteriúria significativa em mulheres grávidas assintomáticas pode ser atribuída às condições ambientais, ao estatuto socioeconómico, à distribuição variada dos agentes patogénicos bacterianos que causam ITU, à higiene urogenital e às práticas sexuais.

Vários investigadores estudaram a distribuição por grupos etários dos casos de bacteriúria significativa no grupo assintomático de mulheres grávidas e registaram diferentes taxas de prevalência nos diferentes grupos etários.[45,48,52,54,56,61,62,76]

Moghadas e Irajian (2009) verificaram que o ASB é mais comum no grupo etário dos 35-40 anos (30%).[45] No entanto, Sibiani (2010) referiu que o ASB era mais comum na faixa etária dos 35-45 anos (2,8%).[48] Num estudo efectuado por Oli *et al.* (2010), a taxa de prevalência foi mais elevada no grupo etário dos 40 anos ou mais (42,86%)[52] e Kehinde *et al.* (2011) registaram uma taxa de prevalência mais elevada de 47,8% nos 25-29 anos.[54]

Senani (2011) registou uma prevalência mais elevada de bacteriúria significativa no grupo etário dos 26-30 anos (11,4%)[56] e Boye *et al.* (2012) registaram uma prevalência mais elevada (33,6%) no grupo etário dos 27-32 anos.[61] Do mesmo modo, Obirikorang *et al.* (2012) também registaram uma taxa de prevalência mais elevada de 36,8% no grupo etário dos 30-34 anos[62] e Sau-Yee Fong *et al.* (2013) registaram uma taxa mais elevada de bacteriúria significativa (15,4%) no grupo etário dos 40 anos ou mais.[76]

Os resultados de uma maior taxa de prevalência (91,30%) de bacteriúria significativa no grupo etário dos 18-25 anos no grupo assintomático no presente estudo não se correlacionam com estes resultados anteriores. A ocorrência de bacteriúria significativa no grupo etário mais jovem (18-25 anos) no nosso estudo foi significativamente mais elevada no teste binomial exato e não está de modo algum de acordo com os trabalhadores anteriores, que relatam taxas de prevalência mais elevadas nos grupos etários mais velhos. Concordamos que a idade é um dos factores predisponentes importantes e que a prevalência de bacteriúria significativa aumenta com a idade, mas é difícil explicar por que razão os resultados são exatamente opostos. Muito provavelmente, as actividades sexuais frequentes poderão ser o fator responsável por estes resultados, para além da higiene pessoal e urogenital. Outra razão para a prevalência mais elevada pode ser o facto de a maioria dos casos assintomáticos incluídos no presente estudo se situar no grupo etário dos 18-25 anos.

O quadro 5.2 mostra a prevalência global da distribuição por idades da bacteriúria significativa no grupo sintomático. Dos 100 casos estudados do grupo sintomático, 50 casos (50%) apresentaram bacteriúria significativa e, dos 50 casos positivos, 31 (62%) pertenciam ao grupo etário dos 18-25 anos, 17 (34%) ao grupo etário dos 26-33 anos e apenas dois casos (4,00%) pertenciam ao grupo etário dos 34-41 anos.

Vários autores estudaram a prevalência de bacteriúria significativa em gestantes sintomáticas e relataram taxas de prevalência na faixa de 4,3% a 46,5%.[46,53,58,65,66,73,82]

Hider *et al.* (2010) registaram uma taxa de prevalência de bacteriúria significativa em

4,3% dos casos sintomáticos.[46] No entanto, Rizvi *et al.* (2011) encontraram bacteriúria sintomática em 25,2% dos casos.[53] Num estudo levado a cabo por Saeed e Tariq (2011), foi encontrada bacteriúria sintomática em 33,3% dos casos.[58]

Ferede *et al.* (2012) registaram uma bacteriúria sintomática em 15,9% dos casos. [65] No entanto, num estudo de Wamalwa *et al.* (2012), verificou-se que a bacteriúria significativa era de 4,2% em casos sintomáticos.[66] Onoh *et al.* (2013) relataram uma taxa de prevalência de 46,5% em casos sintomáticos de ITU entre mulheres grávidas[73] e Sabharwal (2014) encontraram bacteriúria significativa em 25% dos casos sintomáticos de ITU.[82]

Os resultados do presente estudo sobre a taxa de prevalência de bacteriúria significativa de 50% em mulheres grávidas sintomáticas são mais ou menos semelhantes aos de Onoh *et al.* (2013), que registaram uma taxa de prevalência de 46,5%.[73] No entanto, parece ser significativamente mais elevada do que a de Wamalwa *et al.* (4,2%),[66] Hidar *et al.* (4,3%)[46] e Ferede *et al.* (15,9%).[65]

As taxas de prevalência mais elevadas de bacteriúria significativa em grupos sintomáticos foram relatadas por Saeed e Tariq (2011) (33,3% em sintomáticos e 13,7% em assintomáticos) e Ferede *et al.* (2012) (15,9% em sintomáticos e 0,2% em assintomáticos).[58,65] Os nossos resultados de uma taxa de prevalência mais elevada de bacteriúria significativa no grupo sintomático do que no grupo assintomático estão bastante correlacionados com estes relatórios. No entanto, diferem de Rizvi *et al.* (2011), Wamalwa *et al.* (2012) e Sabrawal (2014), que registaram uma taxa de prevalência mais elevada de bacteriúria significativa no grupo assintomático do que no grupo sintomático.[53,66,82.]

A distribuição etária da bacteriúria significativa no grupo sintomático foi registada por diferentes autores.[44,46,73] Obiogbolu *et al.* (2009) encontraram uma taxa de prevalência mais elevada de bacteriúria significativa no grupo etário dos 26-30 anos (61,5%).[44] Hidar *et al.*

(2010) registaram uma prevalência mais elevada de bacteriúria significativa no grupo etário dos 20-30 anos (60%)[46] e Onoh *et al.* (2013) também encontraram uma taxa de prevalência mais elevada (61,9%) no grupo etário dos 20-29 anos.[73]

Na maior parte dos estudos anteriores, a distribuição etária da bacteriúria significativa nos grupos sintomático e assintomático é estudada em conjunto, pelo que não existem relatórios separados disponíveis exclusivamente sobre a distribuição etária da bacteriúria significativa em casos sintomáticos, à exceção dos três relatórios acima referidos. Os resultados do presente estudo, com uma taxa de prevalência de 62% no grupo etário dos 18-25 anos, são bastante semelhantes aos de Hidar *et al.*[46] (60% no grupo etário dos 20-30 anos) e Onoh *et al.*[73] (61,9% no grupo etário dos 20-29 anos). No entanto, não está de acordo com Obiogbolu *et al.*,[44] que registaram a mesma taxa de prevalência mais elevada, mas num grupo etário diferente (26-30 anos).

A Tabela 5.3 mostra a distribuição trimestral da bacteriúria significativa no grupo assintomático. Entre os 23 casos positivos do grupo assintomático, a bacteriúria significativa foi mais comum durante o 2nd trimestre (47,82%), seguido do 3rd trimestre (39,13%) e do 1st trimestre (13,04%).

Vários estudos relataram a distribuição trimestral de bacteriúria significativa no grupo assintomático.[52,53,54,57,61,62,76,77,78,82]

Oli *et al.* (2010) descobriram que a prevalência de bacteriúria significativa é mais comum durante o 3rd trimestre (72,30%) e o 2nd trimestre (44,61%).[52] No entanto, Rizvi *et al.* (2011) observaram que a bacteriúria significativa é comum durante o 1st trimestre e o 3rd trimestre.[53]

Kehinde *et al.* (2011) registaram uma maior prevalência durante o 2nd trimestre (69,8%), seguida de 28% durante o 3rd trimestre.[54] Ansari e Rajkumari (2011) encontraram uma prevalência mais elevada durante o 3rd trimestre (28,57%), seguida do 2nd trimestre

(16,35%)[57] Boye *et al.* (2012) registaram taxas de prevalência mais elevadas durante o 2nd trimestre (50,4%) e o 3rd trimestre (26,5%).[61]

Obirikorang *et al.* (2012) registaram uma taxa de prevalência de 15,4% durante o 2nd trimestre e 8,1% durante o 3rd trimestre.[62] No entanto, Sou-Yee Fong *et al.* (2013) encontraram uma taxa mais elevada (10,5%) no 1st trimestre e 8,4% no 2nd trimestre.[76]

Yadav *et al.* (2014) observaram uma taxa de prevalência mais elevada durante o 3rd trimestre[77] e Titoria *et al.* (2014) referiram uma bacteriúria significativa mais comum durante o 2nd trimestre (65,9%) e o 1st trimestre (17,8%)[78] . Sabhrawal (2014) relatou que a bacteriúria significativa é mais comum durante o 1st trimestre.[82]

A constatação de uma ocorrência mais comum de bacteriúria significativa durante o 2.º trimestrend , seguida do 3.º trimestrerd , no presente estudo, está bastante correlacionada com Kehinde *et al.*,[54] Boye *et al.*,[61] Obirinkorang *et al.*[62] e Titoria *et al.*[78] Estes estudos também referiram uma ocorrência mais comum de bacteriúria significativa durante o 2.º trimestrend . No entanto, os resultados do presente estudo são diferentes dos de outros estudos, que referem uma ocorrência mais comum de bacteriúria significativa durante o 3rd trimestre ou o 1st trimestre. [52,53,57,76,77,82.]

Uma taxa de prevalência de 47,82% durante o 2nd trimestre no presente estudo é semelhante à de Boye *et al.* (2012), que relataram uma ocorrência mais comum de bacteriúria significativa durante o 2nd trimestre em 50,4% dos casos.[61] No entanto, não está de acordo com outros estudos que, embora relatem uma ocorrência mais comum de bacteriúria significativa durante o 2nd trimestre, mas as taxas de prevalência são mais altas[54,78] ou muito mais baixas[62] do que as do presente estudo.

A ocorrência comparativamente mais elevada de bacteriúria significativa durante os 2nd e 3rd trimestres no presente estudo pode ser atribuída às alterações anatómicas e fisiológicas, como a expansão do útero e as alterações hormonais, que tornam o ambiente favorável à invasão microbiana.

A Tabela 5.4   mostra a distribuição trimestral dos casos de bacteriúria significativa no grupo sintomático. Nos casos sintomáticos, a bacteriúria significativa foi encontrada em 42% durante o 2nd trimestre, 32% durante o 1st trimestre e 26% durante o 3rd trimestre.

A distribuição trimestral de bacteriúria significativa no grupo sintomático foi relatada por vários autores.[38,53,65,66,82]

Dimetry *et al.* (2007) registaram a ocorrência de ITU durante o 1st trimestre (66,7%), seguida do 3rd trimestre (37,8%).[38] Rizvi *et al.* (2011) também encontraram a maioria dos pacientes com ITU no 1st trimestre e no 3rd trimestre. [53] No entanto, Ferede *et al.* (2012) observaram uma maior ocorrência de bacteriúria significativa no 2nd trimestre, seguido do 3rd trimestre. [65]

Num estudo realizado por Wamalwa *et al.* (2012), a prevalência de bacteriúria significativa foi considerada mais comum durante o 3rd trimestre (54,1%), seguida de 29,7% no 1st trimestre.[66] No entanto, Sabharwal (2014) relatou bacteriúria significativa mais comum durante o 1st e o 3rd trimestre.[82]

Os achados do presente estudo de maior prevalência de bacteriúria significativa durante o 2nd trimestre são semelhantes apenas aos de Ferede *et al.* (2012).[65] Na maioria dos outros estudos, a prevalência mais elevada de bacteriúria significativa foi registada no 1st trimestre[38,53,82] e num estudo foi registada no 3rd trimestre.[66] Os nossos resultados não estão de acordo com estes estudos.

Estes resultados da prevalência de bacteriúria significativa tanto no grupo sintomático como no assintomático durante os três trimestres (mais comum durante o 2nd trimestre) indicam a importância do rastreio periódico da bacteriúria durante os três trimestres em ambos os grupos.

A Tabela 5.5   mostra o padrão dos uropatógenos isolados dos casos do grupo assintomático. *S. aureus* (82,60%) foi o isolado mais comum, seguido por *Klebsiella* spp. (13,04%) e *Micrococci* (4,35%).

Na maioria dos estudos anteriores, *a E. coli* foi referida como o agente patogénico bacteriano mais comum que causa bacteriúria significativa no grupo assintomático de mulheres grávidas.[36,37,41,45,48,49,58,59,61,62,68,74,76-78]

Abdullah *et al.* (2005) registaram o isolamento de *E. coli em* 66,7% dos casos.[36] No entanto, Khattak *et al.* (2006) encontraram *E. coli* em 38,39% dos casos.[37] *A E. coli* como agente patogénico mais comum foi também referida por Enayat *et al.* (2008) (58,96%),[41] Moghadas e Irajian (2009) (70%),[45] Sibiani (2010) (53%),[48] Andabati e Byamugisha (2010) (51,2%),[49] Oli *et al.* (2010) (25,62%),[52] Saeed e Tariq (2011) (58.7%),[58] Sharma *et al.* (2012) (70.8%),[59] Boye *et al.* (2012) (55%),[61] Obirikorang *et al.* (2012) (36.8%),[62] Kerure *et al.* (2013) (72.72%),[68] Musubu e Muhammad (2013) (36,9%),[74] Sau-Yee Fong *et al.* (2013) (33%),[76] Yadav *et al.* (2014) (47,05%)[77] e Titoria *et al.* (2014) (60%).[78]

Embora *a E. coli* tenha sido relatada como o agente patogénico mais comum associado a uma bacteriúria significativa num grupo assintomático de mulheres grávidas, alguns outros estudos relataram outras bactérias que não a *E. coli* como o agente patogénico mais comum.[39,47,56,57]

Rahimkhani *et al.* (2007) encontraram *Staphylococcus epidermidis* (36%) como o organismo mais comum.[39] No entanto, Nworie e Eze (2010) encontraram *S. aureus* (44,8%) como o isolado mais comum[47] e Senani *et al.* (2011) relataram *Streptococcus agalactiae* (6,62%) como o organismo mais comum.[56] Noutro estudo efectuado por Ansari e Rajkumari (2011), *S. aureus* e *Klebsiella pneumoniae* (28,57% cada) foram encontrados como os organismos mais comuns.[57]

Os resultados do presente estudo sobre o isolamento de *S. aureus* como o isolado mais comum são consistentes com os de Nworie e Eze (2010)[47] e Ansari e Rajkumari (2011) apenas.[57] No entanto, estes resultados contrastam com a maioria dos estudos anteriores em que a *E. coli* foi registada como o isolado mais comum. Além disso, a taxa de isolamento de 82,60% de *S. aureus* no presente estudo parece ser muito elevada em comparação com relatórios anteriores.

Ficou provado, sem margem para dúvidas, que a *E. coli* é a bactéria mais comum que causa ITU e foi registada como o isolado mais comum na maioria dos estudos relatados até à data. No entanto, em alguns estudos excepcionais, foi registada a predominância de outras bactérias para além da *E. coli*.[39,47,56,57] Os resultados do presente estudo também são excepcionais, tendo-se verificado que o *S. aureus* é o isolado mais comum do que a *E. coli*.

A *Klebsiella* spp. foi registada como o segundo isolado bacteriano mais comum associado a bacteriúria significativa em casos assintomáticos por Moghadas e Irajian (20%),[45] Rizvi *et al.* (21,7%),[53] Sharma *et al.* (16,7%),[59] Boye *et al.* (27%),[61] Obirikorang *et al.* (26,3%)[62] e Titoria *et al.* (22,5%).[78]

Os resultados do presente estudo, em que a *Klebsiella* spp. foi o segundo isolado mais comum, são bastante semelhantes a estes resultados; no entanto, uma taxa de isolamento de 13,04% parece ser comparativamente inferior a estes relatórios, em que uma taxa de isolamento superior a 16% foi registada em quase todos os estudos.

Os resultados do presente estudo mostram que a *E. coli*, que tem sido referida como o agente mais comum associado a bacteriúria significativa na maioria dos estudos, surpreendentemente não foi isolada de nenhum dos casos pertencentes ao grupo assintomático no presente estudo. Os resultados também mostram que a *E. coli* foi totalmente substituída por bactérias como *S. aureus* e *Klebsiella* spp.

Estes resultados indicam que há um declínio abrupto na frequência de *E. coli* como agente etiológico no grupo assintomático neste estudo e um aumento significativo na frequência de outros organismos como *S. aureus* e *Klebsiella* spp.

A Tabela 5.6 mostra o padrão dos uropatogénios isolados dos casos do grupo sintomático. *E. coli, Klebsiella* spp. e *S. aureus* (32% cada) foram os isolados mais comuns. *Citrobacter* spp. (4%) foi isolado em apenas dois casos.

Vários trabalhadores estudaram os uropatogénios associados a bacteriúria significativa em grupos sintomáticos de mulheres grávidas. Mbakwem- Aniebo e Dike (2009) registaram *E. coli* (25,5%) como o isolado mais comum, seguido de *Staphylococcus* spp. (23,5%).[43] Obiogbolu *et al.* (2009) encontraram *E. coli* (37%) e *Klebsiella aerogens* (20,4%) como agentes patogénicos bacterianos agressores comuns.[44]

Rizvi *et al.* (2011) também registaram *E. coli* e *Klebsiella pneumoniae* como isolados mais frequentes.[53] No entanto, Saeed e Tariq (2011) descobriram que *E. coli* e *S. aureus* *eram os* uropatogénios mais comuns.[58] Ferede *et al.* (2012) e Sabharwal (2014) relataram *E. coli* e estafilococos coagulase negativa como isolados comuns.[65,82] Onoh *et al.* (2013) registaram *E. coli* (50,8%) e *S. aureus* (20,6%) como agentes mais comuns.[73]

A descoberta de *E. coli* como o agente patogénico mais comum associado a bacteriúria significativa no grupo sintomático é semelhante a quase todos os estudos relatados anteriormente.[43,44,53,58,65,73,82]

Nalguns estudos anteriores, os estafilococos foram referidos como o segundo agente mais comum associado a bacteriúria significativa no grupo sintomático.[43,58,65,73,82] No entanto, noutros estudos, *a Klebsiella* spp. foi referida como o segundo agente mais comum associado a bacteriúria significativa no grupo sintomático,[44,47,53] mas, no presente estudo, o *S. aureus* e a *Klebsiella* spp. foram os agentes mais comuns, para além da *E. coli*. Estes resultados indicam que outros agentes patogénicos, para além da *E. coli*, estão lentamente a assumir importância como agentes patogénicos nas ITU, especialmente na bacteriúria sintomática em mulheres grávidas. O aumento gradual destes organismos indica uma tendência de mudança no padrão de infeção, favorecendo organismos como *S. aureus, Klebsiella, Citrobacter* spp. etc.

A Tabela 5.7 mostra o antibiograma dos uropatogénios isolados do grupo assintomático. Verificou-se que o imipenam e o meropenem (82,60% cada) eram os agentes antimicrobianos mais eficazes. A nitrofurantoína (100%) foi considerada mais eficaz contra a *Klebsiella* spp. No entanto, a gentamicina (73,91%), o ácido nalidíxico (66,66%) e a amicacina (65,21%) revelaram uma atividade comparativamente melhor e a ceftazidima (39,13%), a ciprofloxacina e a norfloxacina (47,82% cada) foram considerados os agentes menos eficazes contra os uropatogéneos isolados do grupo assintomático.

O padrão de suscetibilidade antimicrobiana dos uropatógenos isolados de casos assintomáticos de mulheres grávidas foi estudado e relatado por vários autores.[36,41,45,50-52,59,61,64,65,71,72,75,77,80,83]

Abdullah *et al.* (2005) referiram a gentamicina e a ciprofloxacina (100% cada) como os agentes mais eficazes contra a *E. coli*, o único agente patogénico isolado no seu estudo.[36] No entanto, Enayat *et al.* (2008) consideraram a cefotoxima, a ciprofloxacina e a norfloxacina mais eficazes contra os uropatogéneos isolados no seu estudo.[41] Num estudo realizado por Moghadas e Irajian (2009), a ceftazidima, a ciprofloxacina e a cefotaxima (80% cada) foram consideradas mais eficazes.[45]

Moyo *et al.* (2010) consideraram a amicacina (95%), a ciprofloxacina (86,4%) e a nitrofurantoína (81,3%) como os agentes mais eficazes.[50] No entanto, Rahman *et al.* (2010) observaram que todos os isolados bacterianos gram-negativos eram susceptíveis à gentamicina[51] e Oli *et al.* (2010) referiram que a ceftriaxona (75,38%), a clindamicina (72,31%) e a gentamicina (60%) eram mais eficazes.[52]

Sharma *et al.* (2012) registaram que a maioria dos isolados era suscetível à ciprofloxacina e à gentamicina.[59] Boye *et al.* (2012) observaram que a gentamicina (56,53%) foi o agente antimicrobiano mais eficaz.[61] Jennifer *et al.* (2012) verificaram que todos os isolados eram susceptíveis à norfloxacina e à nitrofurantoína.[64]

Num estudo realizado por Ferede *et al.* (2012), a gentamicina e a ceftriaxona (87,5% cada) foram consideradas altamente eficazes, seguidas da ciprofloxacina (75%) e da norfloxacina (70,8%).[65] Sarsavathi e Aljabri (2013) também consideraram a gentamicina (75%) mais eficaz.[71] No entanto, Dash *et al.* (2013) referiram a nitrofurantoína como o agente antimicrobiano mais eficaz.[72]

Noel *et al.* (2013) observaram a gentamicina (76,9%), a nitrofurantoína (76,9%) e a ciprofloxacina (65,4%) como os agentes antimicrobianos mais eficazes.[75] Yadav *et al.* (2014) encontraram a gentamicina (100%), a nitrofurantoína (90%) e a ceftriaxona (80%) como os agentes antimicrobianos mais eficazes contra isolados de bactérias gram-negativas.[77] Akobi *et al.* (2014) registaram a *E. coli* como o isolado mais comum no seu estudo, suscetível à nitrofurantoína (61,4%) e à gentamicina (51,5%).[80] Ojide *et al.* (2014) descobriram que o imipenem (100%) era o agente mais eficaz, seguido da gentamicina (83,5%), do cotrimaxazol (81%) e da nitrofurantoína (79,5%).[83]

O imipenem e o meropenem para estudos de suscetibilidade contra uropatogénios isolados de grupos assintomáticos foram raramente utilizados. Encontrámos apenas um estudo que refere o imipenem (100%) como o agente mais eficaz contra os uropatogénios de mulheres grávidas assintomáticas (Ojide *et al.* 2014).[83] Os resultados do presente estudo, em que o imipenem é o agente mais eficaz, estão bastante correlacionados com este estudo. O imipenem e o meropenem também foram relatados como altamente eficazes (100%) por Atar *et al.* (2012) contra uropatógenos do grupo sintomático[60] e em dois outros estudos contra uropatógenos de diferentes grupos de pacientes.[69,70] Assim, estes dois agentes antimicrobianos foram considerados altamente eficazes contra os uropatogénios em geral e os nossos resultados não diferem destes.

A nitrofurantoína (100%) foi considerada altamente eficaz contra a *Klebsiella* spp. no nosso estudo. Esta conclusão, em geral, é semelhante à de Dash *et al.*, Moyo *et al.*, Jennifer *et al.*, Noel *et al.* e Yadav *et al.*,[50,64,72,75,77] que também referiram a nitrofurantoína como um dos agentes mais eficazes contra os uropatogénios isolados de um grupo assintomático de mulheres grávidas.

No nosso estudo, a gentamicina (73,91%) também foi considerada bastante eficaz contra a maioria dos uropatogénios. Esta constatação é bastante semelhante à de Abdullah *et al.*, Rahman *et al.*, Oli *et al.*, Sharma *et al.*, Boye *et al.*, Ferede *et al.*, Sarasvati e Aljabari, Noel *et al.*, Yadav *et al.* e Akobi *et al.*[36,51,52,59,61,65,71,75,77,80] . Estes trabalhadores também referiram a gentamicina como o agente mais eficaz ou um dos mais eficazes nos seus estudos.

Os restantes agentes antimicrobianos no nosso estudo foram considerados eficazes contra menos de 70% dos uropatogénios, com a ceftazidima, a ciproflloxacina e a norfloxacina a apresentarem a atividade menos eficaz. Estes resultados são mais ou menos semelhantes a alguns dos estudos anteriores, mas não estão em concordância com alguns dos estudos anteriores em que agentes antimicrobianos como a ciprofloxacina, a norfloxacina ou a ceftazidima foram considerados altamente eficazes contra os uropatogéneos.[36,41,45,50,59,64,65,75].

A Tabela 5.8 mostra o antibiograma de uropatógenos isolados de casos sintomáticos de mulheres grávidas. O imipenem e o meropenem (82% cada) foram considerados os agentes antimicrobianos mais eficazes. A amicacina (68%), a norfloxacina (58%) e a gentamicina (52%) foram os outros agentes antimicrobianos. A nitrofurantoína (52,94%) foi eficaz contra as bactérias gram-negativas.

A ciprofloxacina (26%) e a ceftazidima (30%) foram os agentes antimicrobianos menos eficazes contra os uropatógenos do grupo sintomático.

Vários estudos relataram o padrão de suscetibilidade antimicrobiana dos uropatogénios isolados de casos sintomáticos.[60,65,69,70,73,81,82]

Atar *et al.* (2012) consideraram a cefotaxima (100%) mais eficaz contra a *E. coli*. A maioria dos isolados no seu estudo mostrou uma suscetibilidade máxima à amicacina, à cefuroxima e à gentamicina, e 100% de suscetibilidade ao imipenem, ao meropenem, à nitrofurantoína e à norfloxacina.[60]

Ferede *et al.* (2012) registaram a ceftriaxona e a gentamicina (87,5% cada), a ciprofloxacina (75%) e a norfloxacina (70,8%) como os agentes antimicrobianos mais eficazes.[65] No entanto, Onoh *et al.* (2013) observaram a levofloxacina (92,5%) como o agente mais eficaz. A ciprofloxacina e a ceftriaxona foram consideradas eficazes contra mais de 60% dos isolados e a gentamicina (50,8%).[73]

Shevade e Agarwal (2013) descobriram que o imipenem e o meropenem (89,5% cada) eram os agentes antimicrobianos mais comuns e eficazes contra os uropatogénios isolados de ITU adquiridas na comunidade e adquiridas no hospital.[69] Begum *et al.* (2013) também registaram meropenem (98,58% a 100%), amicacina (81,20% a 100%) e imipenem (78,66% a 100%) em diferentes grupos de doentes durante o período de estudo de 2008 a 2012.[70]

Onuoha e Fatoqokul (2014) verificaram que a maioria dos isolados no seu estudo (*E. coli*) era suscetível à ciprofloxacina (45,5%) e à gentamicina (36,4%).[81] Sabharwal (2014) observou uma resistência significativamente mais elevada aos β-lactâmicos, às flouroquinolonas e ao cotrimaxazol. No entanto, o imipenem, a amicacina, a nitrofurantoína e a gentamicina foram considerados os agentes antimicrobianos mais eficazes no seu estudo.[82]

Os resultados do presente estudo, segundo os quais o imipenem e o meropenem (82% cada), são bastante semelhantes aos de Atar *et al.* (2012), que indicaram o imipenem e o meropenem (100% cada) como os agentes mais eficazes contra os uropatogénios isolados do grupo sintomático[60] e Sabharwal (2014), que também indicou o imipenem como o agente mais eficaz no seu estudo.[82] Estes resultados também são bastante semelhantes aos de dois outros estudos, que apresentam os mesmos resultados que os acima referidos contra uropatogénios de diferentes grupos de doentes com ITU.[69,70]

No presente estudo, a amicacina foi considerada eficaz apenas contra 68% dos uropatogénios. Esta constatação não está de acordo com a maioria dos estudos anteriores, nos quais foi considerada mais eficaz.[60,70,82] O mesmo se aplica à norfloxacina, que foi considerada eficaz contra 58% dos uropatogéneos no presente estudo, embora tenha sido considerada um agente antimicrobiano mais eficaz em estudos anteriores.[60,65]

No presente estudo, verificou-se que a gentamicina era eficaz contra 52% dos uropatogénios do grupo sintomático. Embora este resultado seja bastante semelhante ao de Onoh *et al.* (50,8%)[73] e, comparativamente, muito superior ao de Onuoha e Fatoqokul (36,4%).[81] Parece ser muito inferior ao de Atar *et al.*,[60] Ferede *et al.*[65] e Sabharwal,[82] que consideraram a gentamicina como um dos agentes mais eficazes no seu estudo.

Outros agentes como a ciprofloxacina (26%), ceftazidima (30%) e

A nitrofurantoína (52,94%) foi considerada menos eficaz contra os uropatogénios do grupo sintomático. Esta constatação é totalmente diferente da maioria dos estudos anteriores, nos quais um ou outro destes agentes foi relatado como tendo comparativamente uma atividade muito melhor contra os uropatogénios do grupo sintomático.[60,65,73,82]

Os resultados globais do presente estudo indicam que há um aumento notável do número de uropatógenos resistentes à amicacina, norfloxacina, gentamicina, ceftazidima e ciprofloxacina em geral em todos os uropatógenos e à nitrofurantoína e ácido nalidíxico em bactérias gram-negativas e à cefoxitina e tetraciclina em isolados gram-positivos, em comparação com a maioria dos estudos anteriores. Estes resultados estão bastante correlacionados com a opinião atual de que existe um aumento significativo da resistência dos uropatógenos normalmente associados às ITU.

Os resultados do padrão global de suscetibilidade dos uropatogéneos associados a bacteriúria significativa nos grupos assintomático e sintomático mostram que existe uma grande diferença entre os resultados do padrão de suscetibilidade do presente estudo e a maioria dos relatórios anteriores, exceto no que se refere à suscetibilidade ao imipenem e ao meropenem. Isto indica que o padrão de suscetibilidade dos uropatógenos varia de estudo para estudo, mostrando que muda de hospital para hospital, de população para população e de país para país. Indica também a importância do estudo do padrão de suscetibilidade, tal como salientado por várias autoridades internacionais, de que cada hospital deve ter o seu próprio padrão de suscetibilidade antimicrobiana, uma vez que o padrão de suscetibilidade antimicrobiana padrão pode não ser válido para todas as áreas/hospitais.

Neste estudo realizado num hospital de cuidados terciários situado numa zona rural, observou-se uma taxa de prevalência de bacteriúria significativa em 23% dos casos do grupo assintomático com *S. aureus* (82,60%) como o agente causal mais comum e uma taxa de prevalência de bacteriúria significativa em 50% dos casos do grupo sintomático com *E. coli, Klebsiella* spp. e *S. aureus* (32% cada) como o agente causal mais comum. A bacteriúria significativa foi mais frequentemente observada no grupo etário dos 18-25 anos e durante o 2nd trimestre em ambos os grupos. Os resultados dos testes de suscetibilidade antimicrobiana revelaram que o imipenem e o meropenem foram os agentes mais eficazes contra os uropatógenos dos grupos sintomático e assintomático. Outros agentes antimicrobianos, como a amicacina, a norfloxacina, o ácido nalidíxico, a gentamicina, a ciprofloxacina, a ceftazidima, a tetraciclina, a cefoxitina e a nitrofurantoína, com algumas excepções, foram considerados comparativamente menos eficazes contra os uropatogéneos dos grupos sintomático e assintomático.

Os estudos sobre bacteriúria significativa em grupos sintomáticos e assintomáticos de mulheres grávidas de zonas rurais têm sido efectuados com menos frequência do que em zonas urbanas e raramente são comunicados. Mbakwem-aniebo e Dike (2009) registaram uma taxa de prevalência de 63,64% de ITU em mulheres grávidas de zonas rurais, sendo a *E. coli* o isolado mais comum, seguido de *Staphylococcus* spp. O padrão geral de suscetibilidade revelou que a ciprofloxacina era o agente antimicrobiano mais eficaz, embora a gentamicina e a nitrofurantoína tenham sido eficazes em menos de 50% dos isolados.[43] Senthinath *et al.* (2013) registaram bacteriúria significativa em 13% das mulheres grávidas do grupo assintomático, sendo a *E. coli* o isolado mais comum e a ocorrência mais comum de bacteriúria significativa durante o 2nd trimestre.[84] Yadav *et al.* (2014) encontraram bacteriúria significativa em 6,29% das mulheres grávidas do grupo assintomático, sendo a *E. coli o isolado mais comum e a ocorrência mais comum* de bacteriúria significativa durante o 3rd trimestre. A gentamicina (100%) e a nitrofurantoína (90%) foram os agentes antimicrobianos mais eficazes.[77] Existem grandes variações nos resultados do presente estudo no que diz respeito à taxa de prevalência, à etiologia da ITU, à distribuição por idades e por trimestres, em comparação com os resultados apresentados nestes estudos em zonas rurais, exceto algumas pequenas semelhanças. Estes resultados também mostram variações em comparação com os vários estudos efectuados em zonas urbanas, indicando que o padrão de bacteriúria significativa, tanto nos grupos sintomáticos como nos assintomáticos, varia de um local para outro, mostrando as diferenças geográficas.

O estudo sublinha ainda que, para evitar um maior aumento da resistência dos uropatógenos, deve ser evitada a terapia medicamentosa empírica/cega e os antibióticos devem ser prescritos com base no relatório do teste de suscetibilidade antimicrobiana. Por conseguinte, é absolutamente necessário obter relatórios de suscetibilidade antes de iniciar a terapêutica antimicrobiana para garantir um tratamento adequado e correto da ITU. A utilização de agentes antimicrobianos como o imipenem e o meropenem deve ser evitada por rotina e deve ser utilizada em casos excepcionais em que a resistência antimicrobiana à maioria dos agentes antimicrobianos utilizados por rotina é motivo de grande preocupação.

O aumento da prevalência de uropatógenos resistentes a múltiplos agentes antimicrobianos nas zonas rurais também mostra a necessidade de aumentar a vigilância e a compreensão dos agentes patogénicos.

CAPÍTULO 7

RESUMO E CONCLUSÃO

7.1. Resumo

1. No presente estudo, foram colhidas e processadas amostras de urina a meio do jato de 200 mulheres grávidas (100 assintomáticas e 100 sintomáticas) do grupo etário 18-41 anos e dos três trimestres para isolamento e identificação dos organismos e para estudar o padrão de sensibilidade antimicrobiana dos organismos isolados.

2. A prevalência de bacteriúria significativa foi de 23% no grupo assintomático e 21 (91,30%) casos foram considerados positivos no grupo etário dos 18-25 anos ($p < 0,05$).

3. A prevalência de bacteriúria significativa foi de 50% no grupo sintomático e 31 (62%) casos foram considerados positivos no grupo etário dos 18-25 anos. Esta taxa de prevalência não foi estatisticamente significativa ($p=1$).

4. A prevalência global de bacteriúria significativa foi mais elevada no grupo sintomático (50%) em comparação com o grupo assintomático (23%) ($p<0,05$).

5. Verificou-se que a bacteriúria significativa era mais comum durante o 2nd trimestre tanto no grupo assintomático (47,82%) como no sintomático (47%) ($p=0,2021$).

6. *S. aureus* (82,60%) foi o uropatógeno mais predominante isolado, seguido por *Klebsiella* spp. (13,05%) e *Micrococci* (4,35%) nos casos assintomáticos. No entanto, nos casos sintomáticos, *E. coli, Klebsiella* spp. e *S. aureus* foram os organismos mais frequentemente isolados (32% dos casos cada), seguidos de *Citrobacter* spp. apenas em dois (4%).

7. No grupo assintomático, o imipenem e o meropenem (78,94% cada) contra o *S. aureus*

e o imipenem, o meropenem e a nitrofurantoína (100% cada) contra a *Klebsiella* spp. foram os agentes antimicrobianos mais eficazes.

8. No grupo sintomático, o imipenem e o meropenem (100% cada) contra o *S. aureus* e (87,5% cada) contra a *Klebsiella* spp. A nitrofurantoína (93,75%) foi considerada o agente antimicrobiano mais eficaz contra a *E. coli*.

7.2. Conclusão

Do presente estudo, conclui-se que

1. A bacteriúria significativa em mulheres grávidas assintomáticas e sintomáticas continua a ser um problema importante associado a uma morbilidade materna e perinatal grave.

2. O isolamento mais frequente de outros organismos para além da *E.* coli, como *S. aureus* e *Klebsiella* spp. indica que estes organismos estão lentamente a assumir importância como agentes patogénicos que causam ITU.

3. O aumento do isolamento de bactérias resistentes aos agentes antimicrobianos habitualmente utilizados indica a importância dos estudos de suscetibilidade e sugere que se evite a terapêutica medicamentosa empírica/cega para evitar mais complicações do problema.

4. Os resultados sugerem igualmente que se evite a utilização de agentes antimicrobianos que apresentem uma atividade inferior in vitro e que se evite a utilização de agentes antimicrobianos amplamente utilizados para evitar o efeito de pressão que incentiva o desenvolvimento de resistência.

5. É necessário prestar especial atenção aos uropatogénios cuja resistência é motivo de grande preocupação.

6. A utilização comum de agentes antimicrobianos altamente eficazes, como o imipenem

e o meropenem, deve ser evitada e a sua utilização deve ser limitada a situações clínicas em que nenhum outro agente antimicrobiano seja eficaz.

7. O rastreio de mulheres grávidas relativamente a bacteriúria significativa para descobrir os pormenores dos agentes etiológicos e o seu padrão de suscetibilidade antimicrobiana desempenham um papel importante na redução da morbilidade e das complicações devastadoras e potencialmente fatais das ITU, não só nas mulheres grávidas mas também no feto.

8. Estes resultados também sugerem que o rastreio da bacteriúria nas mulheres grávidas e a iniciação de um tratamento adequado devem passar a ser uma parte obrigatória dos CPN e devem fazer parte do controlo de rotina de todas as pacientes.

9. É perfeitamente possível reduzir as complicações que ameaçam a vida das mulheres grávidas, bem como do feto, reduzindo a prevalência global das ITU através de inquéritos periódicos às mulheres grávidas sobre a prevalência e o padrão de suscetibilidade dos agentes patogénicos habitualmente associados às ITU.

CAPÍTULO 8

REFERÊNCIAS

1. Leigh D. Infecções do trato urinário. In: Borriello SP , Murray PR e Funke G. editores. Topley and Wilson's Microbiology and Microbial Infections.10th ed , Vol II.Bacteriology. London: Edward Arnold; 2005. p.198-213.

2. Kass EH. Quimioterapia e antibióticos no tratamento de infecções do trato urinário. *Am J Med1955*;**18**:764-81.

3. Kass EH. Asymptomatic infections of the urinary tract. *Transactions Am Physicians1956*; **69**:56-64.

4. Kass EH. Bacteriúria e o diagnóstico do trato urinário com observações sobre a utilização de metionina como antissético urinário. *Arch Internal Med1957*; **100**:709-14.

5. Nagoba BS. *Microbiologia* Clínica. *2ed. Nova Deli:BI Publications;*2009.p.110-120.

6. Colgan R , Nicolle RE , McGlone A , Hooton T M. Asymptomatic bacteriuria in adults. *Am Fam Physician* 2006;**74**:985-90.

7. Forbes BA , Sahm DF , Weissfeld AS. Infecções do trato urinário. Bailey and Scott's *Diagnostic Microbiology* 12ed. *Elsevier;* 2007. p. 842855.

8. Shansan DC e Speller DE. Microbiologia na prática clínica. 2ed. 1989. p.431-451.

9. Kunin KM. Cuidados com o cateter urinário. Infecções do trato urinário: Deteção, prevenção e tratamento. 5th ed. Baltimore: Williams and Willikins , 1997.

10. Hooton TM. A prospective study for risk factors for symptomatic urinary tract infection in young women. *N Eng J Med* 1996;**335**:468-74.

11. Herzog LW. UTIs e circuncisão. *Am J Dis child* 1989;**143**:348-50.

12. Drekonja DM , Johnson JR. Urinary tract infections. *Prim Care* 2008;**35**:346-67.

13. Roberts JA. Etiologia e fisiopatologia da pielonefrite. *Am J Kidney Dis* 1991;**17**:1-9.

14. Nicolle LE , Bradley S , Colgan *et al.* Infectious Diseases Society of America Guidelines for the Diagnosis and Treatment of Asymptomatic Bacteriuria in Adults. *Clin Infect Dis* 2005;**40**:643-54.

15. Fihn SD. Acute uncomplicated urinary tract infection in women (Infeção aguda do trato urinário não complicada em mulheres). *N Eng J Med* 2003;**349**:259-66.

16. Kass EH. Bacteriúria e patogénese da pielonefrite. *J Lab Invest* 1960;**9**:110-16.

17. Nordem CW , Kass EH. Bacteriúria da gravidez - uma avaliação crítica. *Ann Rev Med* 1968;**19**:431-70.

18. Wilson ML e Loretta G. Clinical microbiology Laboratory diagnosis of urinary tract infection in adult patients. *Clin Infect Dis* 2004;**38**:1150-8.

19. Simmon NA , William JD. A simple test for significant bacteiuria. *Lancet* 1962;**1**:1377-8.

20. Deshane PM , Merril JA , Wikerson RG. The Griess nitrate test as screening procedure for bacteriuria during pregnancy. *Obst Gynecol* 1966;**27**:202.

21. Oneson R , Dieter HM , Groschell. Leucocyte esterase activity and nitrate test as a rapid screening for significant bacteriuria. *Am J Clin Path* 1985:85-87.

22. Fine J. Glucose content of normal urine. *Br Med J* 1965;**1**:1209-14.

23. Church D , Gregson D. Screening urine samples for significant bacteriuria in the clinical microbiology laboratory (Rastreio de amostras de urina para bacteriúria significativa no laboratório de microbiologia clínica). *Clin Microbiol Newsl* 2004;**26**:179-83.

24. Dafnis E , Sabatini S. The effect of pregnancy on renal function: physiology and pathophysiology. *Am J Med Sci* 1992; **303**:184-205.

25. Sheffield JS , Cunnigham FG. Infeção do trato urinário nas mulheres. *Obstet Gynecol* 2005;**106**:1085-1092.

26. Whalley P. Bacteriúria da gravidez. *Am J Obstet Gynecol* 1967;**97**:723- 38.

27. Schnarr J , Smaill F. Asymptomatic bacteriuria and symptomatic urinary tract infections in pregnancy. *Eur J Clin Invest* 2008;**(S2)**:50-57.

28. Fiona S. Asymptomatic bacteriuria in pregnancy - Best Practice and Research. *Clinical Obstet Gynecol* 2007;**21**:439-450.

29. Sharma P , Thapa L. Acute pyelonephritis in pregnancy: a retrospective study. *Aus N Z J Obstet Gynecol* 2007;**47**:313-315.

30. Hill JB, Sheffield JS, McIntire DD, Wendel GD. Pielonefrite aguda na gravidez. *Obstet*

Gynecol 2005;**105**:18-23.

31. Tugrul S , Oral O , Kumru P , Kose D , Alkan A , Yildirim G. Evaluation and importance of asymptomatic bacteriuria in pregnancy. *Clin Exp Obstet Gynecol* 2005;**32**:237-240.

32. Fatima N , Ishrat S. Frequência e factores de risco de bacteriúria assintomática durante a gravidez. *J Coll Physicians Surg Pak* 2006;**16**:27-35.

33. Bandopadhyay S , Thakur JS , Ray P , Kumar R. High Prevalence of bacteriuria in pregnancy and its screening methods in north India (Elevada prevalência de bacteriúria na gravidez e respectivos métodos de rastreio no norte da Índia). *J Ind Med Assoc* 2005;**103**:259-62 ,66.

34. McIsaac W , Carroll JC , Biringer A , Bernstein P , Lyons E , Low DE , *et al*. Screening for asymptomatic bacteriuria in pregnancy. *J Obstet Gynecol Can* 2005;**27**:20-4.

35. McNair RD , MacDonald SR , Dooley SL , Peterson LR. Avaliação do esfregaço centrifugado e corado com Gram, análise de urina e teste de tiras reagentes para detetar bacteriúria assintomática em pacientes obstétricas. *Am J Obstet Gynecol* 2000;**182**:1076-9.

36. Abdulaah AA , Al-Moslih MI. Prevalência de bacteriúria assintomática em mulheres grávidas em Sharjah, Emirados Árabes Unidos. *East Medterr Health J* 2005;**11**:1045-52.

37. Khattak AM , Khattak S , Khan H , Ashiq B , Mohammad D , Rafiq M. Prevalência de bacteriúria assintomática em mulheres grávidas. *Pak J Med Sci* 2006;**22**:162-66.

38. Dimetry SR , Tokhy HM , Abdo NM , Ebrahim MA , Eissa M. Urinary tract infection and adverse outcome of pregnancy. *J Egypt Public Health Assoc* 2007;**82**:203-215.

39. Rahimkhani M , Daneshvar HK , Sharifian R. Asymptomatic bacteriuria and pyuria in pregnancy. *Ata Medica Iranica* 2008;**46**:409-12.

40. Noor MTM , Majid F , Mohamad M , Kadir SYA. Cross-sectional study on bacteriuria amongst pregnant women attending Klinik Kesihatan Batu 14 , Hulu Langat , Selangor. *Borneo J Med Sci* 2007;**1**:41-44.

41. Enayat K , Fariba F , Bahram N. Asymptomatic bacteriuria among pregnant women referred to outpatient clinics at Sanandaj ,Iran. *Int Braz J Urol* 2008;**34**:699-707.

42. Okonko IO , Ijandipe LA , Ilusanya OA , Ejembi J , Udeze AO , Egun OC , Fowotade

A , Nkang AO. Incidência de infeção do trato urinário entre mulheres grávidas em Ibadan, no sudoeste da Nigéria. *Afr J Biotechnol* 2009;**8**:6649-6657.

43. Mbakwem-Aniebo C , Dike GO. Prevalência de infecções do trato urinário em mulheres grávidas no estado do rio, Nigéria. *Afr J Appl Zool Environ Biol* 2009;**11**:54-58.

44. Obiogbolu CH , Okonko IO , Anyamere CO , Adedeji AO ,Akanbi AO , Ogun AA , Ejembi J , Fleye TOC. Incidência de infecções do trato urinário entre mulheres grávidas na metrópole de Akwa, sudeste da Nigéria. *Sci Res Essays* 2009;**4**:822-824.

45. Moghadas AJ , Irajian G. Asymptomatic urinary tract infection in pregnant women (Infeção assintomática do trato urinário em mulheres grávidas). *Iranian J Pathol* 2009;**4**:105-108.

46. Haider G , Zehra N , Munir AA , Haider A. Risk factors of urinary tract infection in pregnancy (Factores de risco de infeção do trato urinário na gravidez). *J Pak Med Assoc* 2010;**3**:213-216.

47. Nworie A , Eze UA. Prevalência e agentes etiológicos da infeção do trato urinário na gravidez em Abakaliki Metropolis. *Cont J. Med Res* 2010;**4**:18-23.

48. Sibiani SA. Asymptomatic bacteriuria in pregnant women in Jeddah , Western Region of Saudi Arabia: Call for Assessment. *JKAU Med Sci* 2010;**17**:22-49.

49. Andabati G , Byamugisha J. Microbial etiology and sensitivity of asymptomatic bacteriuria among antenatal mothers in Mulango hospital , Uganda. *African Health Sci* 2010;**10**:349-352.

50. Moyo SJ , Aboud S , Kasubi M , Maselle SY. Isolados bacterianos e padrões de suscetibilidade a medicamentos da infeção do trato urinário entre mulheres grávidas no Hospital Nacional Muhimbili na Tanzânia. *Tanzania J Health Res* 2010;**4**:236-240.

51. Rahman MA , Talukder SI , Khatoon MR , Arman R , *et al*. Infeção do trato urinário na gravidez: um problema clínico. Dinajpur *Med Coll J* 2010;**3**:59-62.

52. Oli AN , Okafor CI , Ibezim EC , Akujiobi CN , Onwunzo MC , *et al*. A prevalência e a bacteriologia da bacteriúria assintomática entre as pacientes pré-natais no hospital universitário NN Amdi Azikiwe University teaching hospital Nnewi; Sudeste da Nigéria. *Nigerian J Clin Pract* 2010;**4**:409-412.

53. Rizvi M , Khan F , Shukla I , Malik A , Shaheen. Rising prevalence of antimicrobial resistance in Urinary Tract Infections During Pregnancy: Necessidade de explorar novas opções de tratamento. *J Lab Phys* 2011;**3**:98- 103.

54. Kehinde AO , Adedapo KS , Aimaikhu CO , Odukogbe AA , Olayemi O , Salko B. Significant bacteriuria among asymptomatic antenatal clinic attendees in Ibadan , Nigeria. *Trop Med Health* ,2011;**3**:73-76.

55. Kawser P , Momen A , Begum A , Begum M. Prevalência de infeção do trato urinário durante a gravidez. *J Dhaka National Med Coll Hos* 2011;**17**:8- 12.

56. Senani N. Asymptomatic bacteriuria in pregnant women (Bacteriúria assintomática em mulheres grávidas). *Bahrain Med Bull* 2011;**33**:1-4.

57 . Humera A , Rajkumari A. Prevalência de bacteriúria assintomática e factores de risco associados entre as mulheres pré-natais que frequentam um hospital de cuidados terciários. *J Med Allied Sci* 2011;**1**:74-78.

58. Sobahat S , Tariq P. Symptomatic and asymptomatic urinary tract infections during pregnancy (Infecções do trato urinário sintomáticas e assintomáticas durante a gravidez). *Int J Microbiol Res* 2011;**2**:101-104.

59. Sharma M, Sharma K, Chandra H, Adhikari S, Aryal B. Bacteriúria assintomática entre mulheres grávidas que frequentam a clínica ambulatória do hospital universitário da faculdade de medicina de Chitwan, Chitwan, Nepal. *Int Res J Pharm* 2012;**3**:78-80.

60. Atar M , Bozkurt Y , Sancaktutar AA , Soylemez H , Penbegul H , Sak M , *et al.* Bacterial profile and drug susceptibility pattern of urinary tract infection in pregnant women with ureteral stones and hydronephrosis. *African J Microbiol Res* 2012;**6**:3029-3033.

61. Boye A , Siakwa P , Boampong J , Koffuor G , Ephraim R , Amoateng P , *et al.* Asymptomatic urinary tract infections in pregnant women attending antenatal clinic in Cape Coast , Ghana. *J Med Res* 2012;**1**:74-83.

62. Obirikorang C , Quaye L , Bio F , Amidu N , Achesmpong I , Addo K. Asymptomatic bacteriuria among pregnant women attending antenatal

clínica no Hospital Universitário, Kumasi, Gana. *J Med Biomed Sci* 2012;**1**:38-44.

63. Adabara N, Momoh J, Bala J, Abdulrahamam AA, Abubakar MB. A prevalência de ITU bacteriana entre as mulheres que frequentam a clínica pré-natal no hospital geral,

Minna, no estado do Níger. *Int J Biomed Res* 2012;**3**:171- 173.

64. Jennifer P, Cyril R, Piyumi P, Nimesha G, Renuka J. Bacteriúria assintomática na gravidez: Prevalência, factores de risco e organismos causadores. *Sri Lankan J Infect Dis* 2012;**1**:42-46.

65. Ferede G , Yismaw G , Wondimench Y , Sisay Z . A prevalência e o padrão de suscetibilidade antimicrobiana de uropatógenos bacterianos isolados de mulheres grávidas. *Eur J Expt Biol* 2012;**2**:1497-1502.

66. Wamalwa P , Omolo J , Makokha A. Prevalência e factores de risco para infecções do trato urinário em mulheres grávidas. *Prime J Soc Sci* 2013;**2**:524-531.

67. Umar N , Kulsum S , Ali L. Spectrum of Urinary tract infections in pregnant women (Espectro de infecções do trato urinário em mulheres grávidas). *Biomed Pharmacol J* 2013;**6**:349-353.

68. Kerure R , Umashankar. Prevalência de bacteriúria assintomática entre mulheres grávidas num hospital de cuidados terciários. *Int J Sci Res Pub* 2013;**3**:1-3.

69. Shevade SU , Agrawal GN. Estudo de uropatógenos comunitários e nosocomiais e sua resistência a medicamentos. *Natl J Community Med* 2013;**4**:647-52.

70. Begum F , Mosaddek ASM , Perveen K , Karim R , Begum NN. Tendência do Padrão de Sensibilidade de *Escherichia coli* Uropatogénica: Experiência de Cinco Anos num Hospital de Cuidados Terciários em Dhaka. *J Shaheed Suhrawardy Med Coll 2013;***5**:103-5.

71. Saraswati K , Aljabri F. Incidência de infecções do trato urinário em mulheres grávidas num hospital de cuidados terciários. *Der Pharmacia* Lettre 2013;**5**:265-268.

72. Dash M , Sahu S , Mohanty I , Narasimham M , Turuk J , Sahu R. Prevalência, factores de risco e resistência antimicrobiana da bacteriúria assintomática entre mulheres grávidas. *J Basic Clin Reprod Sci* 2013;**2**:92- 96.

73. OnohUmeora O , Egwuatu V , Ezeonu P , Onoh T. Antibiotic sensitivity pattern of uropathogens from pregnant women with urinary tract infection in Abakaliki , Nigeria. *Infect Drug* Resist 2013;**6**:225-233.

74. Musbau S , Muhammad Y. Prevalência de bacteriúria assintomática entre as mulheres grávidas que frequentam a clínica pré-natal no Centro Médico Federal do Estado de

NguruYobe. *Sch J App Med Sci* 2013;**1**:658-660.

75. Noel N , Tufon E , Waindim N , Akwo T , Bong R. Bacteriúria na gravidez: Prevalência e padrão de sensibilidade antimicrobiana entre as mulheres grávidas que frequentam o Hospital Regional do Noroeste, Bamenda.*VRI Cell Signaling* 2013;**1**:3-6.

76. Fong SY , Tung CW , Yu F , Leung HH , Cheung JH. A prevalência de bacteriúria assintomática em mulheres grávidas de Hong Kong. *Hong Kong J Gynaecol Obst Midwifery* 2013;**13**:40-44.

77. Yadav S , Siwach S , Goel S , Rani P. Prevalência de infecções assintomáticas do trato urinário na gravidez na zona rural. *Int J Curr Microbiol App Sci* 2014;**3**:159-163.

78. Titoria A , Gupta A , Rathore A , Prakash S , Rawat D , Manaktala U. Asymptomatic bacteriuria in women attending an antenatal clinic at a tertiary care centre. *South African J Obst Gynaecol* 2014;**20**:4-7.

79 . Shrivastava R, Singh BN, Begum R, Yadav R. Estudo bacteriológico de infecções do trato urinário em pacientes de cuidados pré-natais. *Int J Med Res Health Sci* 2014;**3**:309-313.

80. Akobi OA , Inyinbor HE , Emumwen EG , Ogedengbe SO , Amlscn U , Abayomi RO , et al. Incidência de infeção do trato urinário entre as mulheres grávidas que frequentam a clínica pré-natal no Centro Médico Federal, Bida , Estado do Níger , Centro-Norte da Nigéria. *American J Infect Dis Microbiol* 2014;**2**:34- 38.

81 . Onuoha S, Fatokun K. Prevalência e padrão de suscetibilidade antimicrobiana da infeção do trato urinário (ITU) entre mulheres grávidas em Afikpo, Estado de Ebonyi, Nigéria. *Am J Life Sci* 2014;**2**:46-52.

82. Sabharwal ER. Antibiotic susceptibility pattern of uropathogens in obstetric patients (Padrão de suscetibilidade a antibióticos de uropatógenos em pacientes obstétricas). *North AmJ Med Scien* 2012;**4**:316-319.

83. Ojide et al. Bacteriúria assintomática entre mulheres que recebem cuidados pré-natais num hospital terciário no Benim, Nigéria. *Nige J Experi Clin Bioscien* 2014;**2**:79- 85.

84 . Senthinath T, Rajlakshmi P, Keerthana R, Vigneshwari R, Revathi P, Prabhu N, Susethira A, Sethira A et al. Prevalência de bacteriúria assintomática entre mulheres pré-natais num hospital rural de cuidados terciários, Tamilnadu, Índia. *Int J Curr Microbiol App Sci* 2013;**2**:80-85.

85. Colles JG, Miles RS e Watt B. Testes para identificação de bactérias. In: Collee JG, Fraser AG, Marmion BP e Simmons A editores. Mackie and Mc Cartney Practical Medical Microbiolgy. 14th ed. Haryana: Churchill- Livingstone;2006. p.131-149.

86. Bauer AW , Kirby WMM , Sherris JC e Turck M. Antibiotic susceptibility testing by a standardized single disc method. *Am J Clin Pathol* 1966; **45**: 493-496.

87. CLSI. Padrões de Desempenho para Testes de Suscetibilidade Antimicrobiana; Vigésimo Terceiro Suplemento Informativo. Documento CLSI M100-S23. Instituto de Normas Clínicas e Laboratoriais; 2013.

CAPÍTULO 9

ANEXOS

Anexo 1: MEIOS BACTERIOLÓGICOS
1. Ágar nutriente

Ingredientes	Gramas/litro
Peptona	5.0
Nacl	5.0
Extrato de carne de bovino	1.5
Extrato de levedura	1.5
Ágar	18
pH	7.4 ±0.2

2. Ágar-sangue

Ágar nutriente + 5% de sangue de carneiro

O ágar sangue de ovelha foi preparado dissolvendo todos os ingredientes da base de ágar nutriente em água destilada, o pH foi verificado, esterilizado por autoclavagem a 121° C durante 20 minutos, o sangue de ovelha foi adicionado a 50° C. Distribuído em placas de Petri.

3. Ágar MacConkey

Ingredientes	Gramas /litro
Digestão péptica	20.00
Lactose	10.00
Taurocholato de sódio	2.00
Vermelho neutro	0.04
Ágar	20.00
pH	7.4 ±0.2

4. Ágar Muller-Hinton

Ingredientes	Gramas/litro
Infusão de carne de bovino	300,0 ml
Hidrolisado de caseína	17.5
Amido	1.5
Ágar	10.0
pH	7.4 ±0.2

Meios para reacções bioquímicas:

1. Água de peptona

Digestão péptica de tecido animal	10.00
NaCl	5.00
pH	7.2 ±0.2

2. Caldo de fosfato de glicose

Peptona tamponada	7.00
Dextrose	5.00
Fosfato dipotássico	5.00
pH	6.9 ±0.2

3. Meio de citrato de Simmon

Cloreto de amónio	1.5
Fosfato de potássio	1.0
Fosfato de magnésio	0.2
Citrato de sódio	3.0
Azul de bromotimol (0,2%)	40.0ml
Ágar	20.0
pH	6.8 ±0.2

4. Meio Christensen Urease

Peptona	1.0
Nacl	5.0
Di-fosfato de potássio	2.0
Vermelho de fenol	6.0
(1:500 em solução aquosa) Glucose	10.0

Ureia (solução a 20%)		100,0 ml
Ágar		20.0
pH		6.8±0.2

Anexo 3: LISTA DE ABREVIATURAS

ASB	-	Asymptomatic bacteriuria
AST	-	Antimicrobial susceptibility test
AK	-	Amikacin
ATP	-	Adenosine triphosphate
ANC	-	Antenatal care
BA	-	Blood agar
CFU	-	Colony-forming unit
CIP	-	Ciprofloxacin
CS	-	Culture sterile
CN	-	Cefoxitin
CAZ	-	Ceftadizidime
CAN	-	Columbia colistin-nalidixic acid agar
CLED	-	Cysteine lactose electrolyte deficient agar
DLC	-	Differential leucocyte count

G	-	Gentamicin
Hb	-	Hemoglobin
IMViC	-	Indole, methyl red, voges-proskauer, citrate test
I	-	Imipenem
IB	-	Insignificant bacteriuria
KUB	-	Kidney ureter bladder
ml	-	Millilitre
μg	-	Microgram
mg	-	Milligram
MHA	-	Muller-Hinton agar
MR	-	Meropenem
mm^3	-	milimeter cube
nm	-	Nanometer
NIT	-	Nitrofurantoin
NOR	-	Norfloxacin
NA	-	Nalidixic acid
NGU	-	Non-gonococcal urethritis
OIF	-	Oil immersion field
PMNs	-	Polymorphonuclear neutrophils
RBCs	-	Red blood cells
TTC	-	Triphenyl tetrazolium chloride test
UPEC	-	Uropathogenic *Escherichia coli*
WBC	-	White blood cells
UTI	-	Urinary Tract Infection

Printed by Books on Demand GmbH, Norderstedt / Germany